高等学校电子信息类专业"十三五"规划教材

Verilog 程序设计与 EDA
（第二版）

刘 靳　刘笃仁　编著

西安电子科技大学出版社

内 容 简 介

本书除绪论外共分 9 章，主要内容包括：Verilog HDL 的基本结构与描述方式、Verilo HDL 的基本要素、Verilog HDL 的基本语句、组合电路设计、时序电路设计、仿真测试程序设计、组合电路设计实例、时序电路设计实例、EDA 开发软件等。书中选用了相当数量的例题、实例，便于读者联系实际，举一反三，学习运用。

本书可作为高等学校通信、电子工程、自动控制、工业自动化、检测技术及电子技术应用等相关电类专业本科和专科生 Verilog HDL、EDA 课程的教材和教学参考书，也可作为相关工程技术人员的学习参考书。

图书在版编目(CIP)数据

Verilog 程序设计与 EDA / 刘靳，刘笃仁编著. —2 版. —西安：西安电子科技大学出版社，2018.12
高等学校电子信息类专业"十三五"规划教材
ISBN 978–7–5606–4924–5

Ⅰ. ① V… Ⅱ. ① 刘… ② 刘… Ⅲ. ① VHDL 语言—程序设计—高等学校—教材 ② 电子电路—电路设计—计算机辅助设计—高等学校—教材 ③ EDA Ⅳ. ① TP312 ② TN702

中国版本图书馆 CIP 数据核字(2018)第 266184 号

策划编辑　云立实
责任编辑　云立实
出版发行　西安电子科技大学出版社(西安市太白南路 2 号)
电　　话　(029)88242885　88201467　　邮　编　710071
网　　址　www.xduph.com　　　　　　　　电子邮箱　xdupfxb001@163.com
经　　销　新华书店
印刷单位　陕西天意印务有限责任公司
版　　次　2018 年 12 月第 2 版　　2018 年 12 月第 2 次印刷
开　　本　787 毫米×1092 毫米　1/16　印　张　15
字　　数　351 千字
印　　数　3001～5000 册
定　　价　34.00 元
ISBN 978–7–5606–4924–5 / TP
XDUP 5226002–2
如有印装问题可调换
本社图书封面为激光防伪覆膜，谨防盗版。

前　言

本书是在原《Verilog 程序设计与 EDA》一书(西安电子科技大学出版社 2012 年 9 月出版)的基础上，根据教学改革的需要，结合作者近年来 Verilog 程序设计与 EDA 课程教学、科研实践重新修订而成的。

此次修订在内容上进行了调整，更便于组织教学。Verilog 程序设计与 EDA 课程是实践性很强的课程，在完成前几章的教学任务后，教师可根据实际，选择本书后相关公司的开发软件，以组合电路设计实例、时序电路设计实例章节为参考，组织实验教学内容，以便在学习中实践，在实践中学习。

本书此次出版得到了西安电子科技大学教材建设基金的资助。

本书的编著得到了西安电子科技大学教务处、电子工程学院领导和同行的支持和帮助；西安电子科技大学出版社云立实编辑为之付出了辛勤工作。对于这一切，编者表示诚挚的感谢。此外，对于在学习、写作过程中参考过的文献、资料的作者，编者也深表感谢。

由于作者水平有限，书中难免存在疏漏和不妥之处，敬请各位读者批评指正。

作　者
2018 年 3 月

第一版前言

Verilog HDL 是当今国际上流行的一种硬件描述语言，用于从算法级、门级到开关级的多种抽象设计层次的数字电路与系统建模。Verilog HDL 语言不仅定义了语法，而且对每个语法结构都定义了清晰的模拟、仿真语义。因此，用这种语言编写的模块能够方便地进行仿真、验证。该语言从 C 语言中继承了多种操作符和结构，具有明显的优势。

本书是作者从事 Verilog HDL 程序设计与 EDA 应用及教学的经验总结，主要内容包括：Verilog HDL 的基本要素、Verilog HDL 的基本语句、组合电路设计、时序电路设计、仿真测试程序设计、组合电路设计实例、时序电路设计实例及 EDA 开发软件等。

本书从初学者的角度出发，循序渐进地介绍了 Verilog HDL 程序设计与 EDA 应用，将基本概念、难点疑点分散到各章、各节，甚至贯穿于例题、实例的注释中，以便读者轻松学习，逐步消化。本书相关内容来自教学与科研实践，能使读者快速掌握 Verilog HDL 语言的实质，并能应用其设计实现各种现代数字电路与系统。

书中选用了相当数量的例题、实例，其中还有不少一题多种思路的设计，这种一题多解的方式是为了启发读者从多角度、多思路思考问题。有些看似简洁的程序，有时并不能被最简单的 CPLD 或 FPGA 电路实现，反之亦然。实际中可根据 EDA 开发软件反馈的设计信息或资源利用报告进行分析、确认。

本书的编写得到了西安电子科技大学电子工程学院领导、同行以及西安培华学院电气信息工程学院领导的支持和帮助；西安电子科技大学出版社云立实编辑为之付出了辛勤工作。对于这一切，编者表示诚挚的感谢。此外，对于在学习、写作过程中参考过的文献、资料的作者，编者也深表感谢。

由于编者水平有限，书中难免存在疏漏和不妥之处，敬请各位读者批评指正。

编　者
2012 年 3 月

目 录

绪论 1
  0.1 关于 Verilog HDL 1
  0.2 关于 EDA 2

第 1 章 Verilog HDL 的基本结构与描述方式 3
  1.1 基本结构 3
  1.2 描述方式 6
    1.2.1 数据流描述方式 6
    1.2.2 行为描述方式 9
    1.2.3 结构化描述方式 12
    1.2.4 混合描述方式 15
  思考与习题 17

第 2 章 Verilog HDL 的基本要素 18
  2.1 标识符(identifier) 18
  2.2 格式与注释 18
  2.3 数据 18
    2.3.1 常量 18
    2.3.2 变量 20
    2.3.3 Verilog HDL 四种基本的值 20
  2.4 数据类型 21
    2.4.1 线网类型 21
    2.4.2 寄存器类型 23
  2.5 操作符 25
  2.6 系统函数和系统任务 27
  2.7 编译预处理指令 29
  思考与习题 30

第 3 章 Verilog HDL 的基本语句 31
  3.1 赋值语句 31
    3.1.1 连续赋值语句和过程赋值语句 31
    3.1.2 阻塞赋值语句和非阻塞赋值语句 32
  3.2 块语句 34
    3.2.1 顺序块语句 34
    3.2.2 并行块语句 35
  3.3 条件语句 37
    3.3.1 if else 语句 37
    3.3.2 case 语句 38
    3.3.3 条件操作符构成的语句 39
  3.4 循环语句 39
    3.4.1 forever 循环语句 39
    3.4.2 repeat 循环 40
    3.4.3 while 循环 40
    3.4.4 for 循环 41
  3.5 结构说明语句 42
    3.5.1 task(任务) 42
    3.5.2 function(函数) 43
  3.6 行为描述语句 44
    3.6.1 initial 语句 44
    3.6.2 always 语句 44
  3.7 内置门语句 47
    3.7.1 多输入门 47
    3.7.2 多输出门 48
    3.7.3 使能门 48
    3.7.4 上拉和下拉 49
  3.8 内置开关语句 49
    3.8.1 mos 开关 50
    3.8.2 cmos 开关 50
    3.8.3 pass 开关 50
    3.8.4 pass_en 开关 50
  3.9 用户定义原语 UDP 51
    3.9.1 UDP 的结构 51
    3.9.2 UDP 的实例化应用 52
    3.9.3 组合电路 UDP 举例 52
    3.9.4 时序电路 UDP 举例 53
  3.10 force 强迫赋值语句 56

3.11 specify 延迟说明块 57
3.12 关于 Verilog-2001 新增的
     一些特性 57
3.13 关于 Verilog-2005 59
     思考与习题 60

第 4 章　组合电路设计 61
4.1 简单组合电路设计 61
    4.1.1 表决电路 61
    4.1.2 码制转换电路 63
    4.1.3 比较器 65
    4.1.4 译码器 67
4.2 复杂组合电路设计 69
    4.2.1 多位比较器 69
    4.2.2 多人表决器 71
    4.2.3 8 选 1 数据选择器 71
    4.2.4 一位全加(减)器 72
    4.2.5 4 位减法、加法器 73
    4.2.6 3 位、8 位二进制乘法器设计 75
    思考与习题 76

第 5 章　时序电路设计 77
5.1 简单时序电路设计 77
    5.1.1 基本 D 触发器 77
    5.1.2 带异步清 0、异步置 1 的
          D 触发器 77
    5.1.3 带异步清 0、异步置 1 的
          JK 触发器 79
    5.1.4 锁存器和寄存器 80
5.2 复杂时序电路设计 81
    5.2.1 自由风格设计 81
    5.2.2 有限状态机 FSM 87
5.3 时序电路设计中的同步与异步 95
    思考与习题 96

第 6 章　仿真测试程序设计 97
6.1 用 Verilog HDL 设计仿真测试程序 97
    6.1.1 七段数码管译码器测试模块 97
    6.1.2 分频器测试模块 100

6.1.3 阻塞赋值与非阻塞赋值的
      测试模块 101
6.1.4 序列检测器测试模块 105
6.1.5 关于 WARNING 107
6.1.6 关于测试模块及其基本结构 107
6.2 用 ABEL-HDL 设计仿真测试向量 108
    6.2.1 ABEL-HDL 测试向量 108
    6.2.2 七段数码管译码器测试向量 109
    6.2.3 4 位加法器测试向量 110
    6.2.4 序列检测器测试向量 111
    6.2.5 变模计数器测试向量 113
6.3 Altera 公司的 Quartus II 波形仿真 115
    思考与习题 115

第 7 章　组合电路设计实例 118
7.1 编码器 118
7.2 译码器 120
7.3 数据选择器 123
7.4 数据分配器 125
7.5 数值比较器 128
7.6 通过 EPM240 开发板验证
    组合电路 129
    思考与习题 130

第 8 章　时序电路设计实例 131
8.1 序列检测器 131
8.2 脉冲分配器 140
8.3 8 路抢答器 143
8.4 数字跑表 145
8.5 交通灯控制系统 149
8.6 以 2 递增的变模计数器 154
8.7 定时器的 Verilog 编程实现 156
8.8 ATM 信元的接收及空信元的
    检测系统 162
8.9 点阵汉字显示系统 167
8.10 通过 EPM240 开发板验证的
     几个时序电路 177
    8.10.1 8 个发光二极管按 8 位计数器
           规律循环显示 177

8.10.2 第 1 个数码管动态显示
0～7 178
8.10.3 4 个数码管显示 3210 180
8.10.4 一段音乐演奏程序设计 181
思考与习题 184

第 9 章 EDA 开发软件 185
9.1 Xilinx 公司的 EDA 开发软件 185
9.1.1 Xilinx ISE Design Suite 13.x 185
9.1.2 Xilinx ISE13 应用举例 185
9.2 Lattice 公司的 EDA 开发软件 200
9.2.1 ispDesignEXPERT 应用ﾠ................ 201
9.2.2 ispDesignEXPERT 应用举例 203
9.2.3 ispLEVER Classic 应用 212
9.2.4 ispLEVER Classic 应用实例 214

9.2.5 Lattice Diamond 简介 221
9.3 Altera 公司的 EDA 开发软件 223
9.3.1 Quartus II 简介 223
9.3.2 Quartus II 9.0 基本操作应用 223
9.4 EDA 开发软件和 Modelsim 的
区别 226
思考与习题 226

附录 1 Verilog 关键字 227

附录 2 Nexys3 Digilent 技术支持 228

附录 3 Nexys3 开发板 229

附录 4 EPM240T100C5 开发板 230

参考文献 231

绪 论

随着科学技术的发展，硬件电路与系统的设计发生了新的变革，现代硬件电路与系统的设计蓬勃兴起。依据先进的设计思想，利用现代化的设计手段，使用可编程的新型器件来设计现代电路与系统已成为一种趋势。

先进的设计思想是自上而下的设计思想，即先设计顶层、再设计底层。这种一气呵成的设计思想只能借助于现代化的设计手段实现。即应用计算机技术将硬件电路与系统设计要做的许多工作用软件设计来完成，这就是电子设计自动化 EDA(Electronic Design Automation)，也就是硬件设计软件化。要应用计算机做到硬件设计软件化，必须要有计算机和设计者都能识别的硬件描述语言 HDL(Hardware Description Language)及其综合、编译、仿真、下载的 EDA 开发软件。

可编程的新型器件是实现各种现代硬件电路与系统的载体、实体。可编程器件包括可编程逻辑器件 PLD(Programmable Logic Device)、复杂可编程逻辑器件 CPLD(Complex Programmable Logic Device)、现场可编程门阵列 FPGA(Field Programmable Gate Array)、可编程模拟器件 PAD(Programmable Analog Device)、可编程模拟电路 PAC(Programmable Analog Circuit)、通用数字开关 GDS(Generic Digital Switch)、通用数字交叉 GDX(Generic Digital Cross)器件、可编程智能混合器件 SmartFusion 等。

总而言之，现代硬件电路与系统的最终实现，不仅需要先进的设计思想和理念，还需要现代化的设计手段——计算机平台和硬件描述语言程序设计、可编程的新型器件和功能设计工具(EDA 软件开发工具)、连接计算机与可编程器件的下载接口 JTAG 和编程电缆。

本书首先讨论 Verilog 程序设计，接着讨论与 EDA 有关的可编程器件功能设计工具(软件开发工具)应用。

0.1 关于 Verilog HDL

Verilog 是一种用于数字电路与系统设计的硬件描述语言，可以从算法级、门级到开关级的多种抽象设计层次对数字系统建模。使用 Verilog HDL，用户能灵活地进行各种级别的逻辑设计，方便地进行数字逻辑系统的仿真验证、时序分析和逻辑综合。

Verilog 是 1983 年由 GDA(Gateway Design Automation)公司的 Philip R.Moorby 为其模拟器产品开发的硬件建模语言，那时它只是一种专用语言。Philip R.Moorby 本人后来成为 Verilog-XL 的主要设计者和 Cadence(Cadence Design System)公司的第一合伙人。其间，他设计了第一个关于 Verilog-XL 的仿真器，并推出了用于快速门级仿真的 XL 算法。1989 年，

Cadence 公司收购了 GDA 公司，Verilog 归 Cadence 公司所有。两年后，该公司成立了 OVI(Open Verilog International)，决定致力于推广 Verilog OVI 标准，使其成为 IEEE 标准。这一努力最后获得成功，Verilog 语言于 1995 年成为 IEEE 标准，称为 IEEE Std 1364-1995。从此，Verilog HDL 成为一种极具竞争力的用于数字电路与系统设计的硬件描述语言。通过不断实践，Verilog HDL 又增加了 Verilog-2001(称为 IEEE Std 1364-2001)、Verilog-2005(称为 IEEE Std 1364-2005)，使其使用更加方便。

我国《集成电路/计算机硬件描述语言 Verilog》(国家标准编号为 GB/T18349—2001)于 2001 年 10 月 1 日已正式实施。

Verilog HDL 是一种简洁清晰、功能强大、容易掌握、便于学习的硬件描述语言，只要有 C 语言的编程基础，在了解了 Verilog HDL 的基本结构与描述方式、基本要素、基本句法等以后，再辅助上机操作，就能很快掌握 Verilog HDL 程序设计技术。

0.2 关于 EDA

EDA 是电子设计自动化(Electronic Design Automation)的缩写，它是在 20 世纪 80 年代初从计算机辅助设计 CAD(Computer Aided Design)、计算机辅助制造 CAM(Computer Aided Manufacturing)、计算机辅助测试 CAT(Computer Aided Test)和计算机辅助工程 CAE(Computer Aided Engineering)的概念发展而来的。

可编程器件的诞生，使现代硬件电路与系统的电子设计技术发生了革命性的变化。现代硬件电路与系统的 EDA 技术以计算机为工具，设计者在 EDA 开发软件平台上，用硬件描述语言 HDL 完成硬件电路的源文件设计，然后通过计算机自动地完成编译、化简、分割、综合、优化、布局、布线和仿真，直至完成对选定的目标芯片(可编程器件)的适配、逻辑映射、布局布线和下载等工作。EDA 技术的出现，极大地提高了电路设计的效率和可靠性，有效地减轻了设计者的劳动强度，缩短了产品的设计周期，加快了产品的上市时间。从 20 世纪 70 年代起，国际上电子和计算机技术较先进的国家，一直在积极探索新的电子电路设计方法，并在设计方法、集成器件、开发工具等方面进行了彻底的变革，取得了巨大成功。在电子技术设计领域，可编程逻辑器件(如 CPLD、FPGA)的应用，已得到广泛的普及，这些器件为数字系统的设计带来了极大的灵活性。可编程模拟器件、可编程数字开关及互联器件(如 ispPAC、ispGDS、ispGDX)的研制成功，为各种现代电路与系统硬件的设计注入了新的活力。这些器件可以通过软件编程对其硬件结构和工作方式进行重构、重组态，从而使得硬件的设计可以如同软件设计那样方便快捷。这一切极大地改变了甚至是颠覆了传统的电路与系统设计方法、设计过程和设计观念，促进了 EDA 技术的迅速发展。

现代 EDA 的应用相当广泛，包括机械、电子、通信、航空航天、航海、交通、化工、矿产、生物、医学、军事等各个领域。例如在飞机、汽车制造过程中，从设计、性能测试及特性分析直到飞机试飞、汽车试车模拟，都可能涉及 EDA 技术。

本书所指的 EDA 技术，是针对电子电路与系统设计的电子设计自动化，且主要讨论现代数字电路与系统的硬件技术。

第 1 章　Verilog HDL 的基本结构与描述方式

1.1　基　本　结　构

模块是 Verilog 的基本描述单位。

模块用于描述某个电路设计的功能或结构以及与其他模块通信的外部端口。每个模块与其他模块之间通过端口联系，模块自身通过端口与其描述的内容联系。

一个硬件电路用 Verilog 设计的基本结构组成一个模块，它是实现硬件电路的源文件。

一个硬件电路用 Verilog 程序设计的过程叫做编写源文件或建模。

一个模块又可以在另一个模块中使用。

图 1.1 是一位全加器的电路。该电路的函数表达式为

$$sum = a \oplus b \oplus cin$$
$$cout = (a \oplus b)cin + ab$$

其中：a、b 分别为两个一位二进制的加数、被加数；cin 为低位向本位的进位；sum 为本位和；cout 是本位向高位的进位。

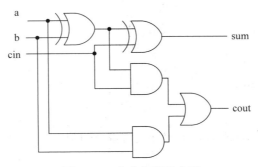

图 1.1　一位全加器的电路

当一个完成某一功能的电路图或函数表达式已知时，可依据电路图或函数表达式用 Verilog 设计其源文件。

例 1.1　下面给出了一个简单的 Verilog 源文件的基本结构。它是一个带进位的一位二进制加法器电路的源文件设计实例。

```
module Fulladder(sum, cout, a, b, cin);
    input cin;
    input a, b;
    output cout;
```

```
        output sum;
        assign sum=(a^b)^cin;
        assign cout=((a^b)&cin)|(a&b);
    endmodule
```
其中，符号 ^、&、| 在 Verilog 中分别表示异或、与、或。

当要设计的某一电路功能简单、关系清楚时，可直接用 Verilog 相关语句设计源文件。

例 1.2　下面给出一个简单的 Verilog 源文件的基本结构。它是一个带进位的 4 位二进制加法器电路的源文件设计实例。

```
    module Fulladder4(sum, cout, a, b, cin);
        input cin;
        input [3:0] a, b;        //[3:0]是简略写法，表示"a3, a2, a1, a0"、"b3, b2, b1, b0"
        output cout;
        output [3:0] sum;        //[3:0]是简略写法，表示"sum3, sum2, sum1, sum0"
        assign {cout, sum}=a+b+cin;    //{,}是 Verilog 中的连接符
    endmodule
```

当要求电路完成某一特定功能时，可通过分析其工作过程，直接用 Verilog 相关语句设计源文件。

例 1.3　下面给出一个稍复杂的 Verilog 源文件的基本结构。它是一个具有两个 3 位二进制乘法器电路的源文件设计实例。此例的设计思路具有一定难度，等学习深入后就会理解。

设被乘数 a[2:0]={a2, a1, a0}，乘数 b[2:0]={b2, b1, b0}，乘积为 {p5, p4, p3, p2, p1, p0}。分析乘积过程如下：

			a2	a1	a0
×			b2	b1	b0
			a2b0	a1b0	a0b0
		a2b1	a1b1	a0b1	
	a2b2	a1b2	a0b2		
p5	p4	p3	p2	p1	p0

```
    module plus3(a2, a1, a0, b2, b1, b0, p5, p4, p3, p2, p1, p0);
        input a2, a1, a0, b2, b1, b0;
        output p5, p4, p3, p2, p1, p0;
        reg p5, p4, p3, p2, p1, p0;
        reg[5:0] result;
        reg[2:0] a, b;
        integer bindex;
        always@(a2 or a1 or a0 or b2 or b1 or b0)
            begin
                a={a2, a1, a0};
                b={b2, b1, b0};
```

```
            result=0;
            for(bindex=0; bindex<3; bindex=bindex+1)
                    if(b[bindex])
                        result=result+(a<<bindex);
            {p5, p4, p3, p2, p1, p0}=result;
        end
    endmodule
```

通过上面的三个例子,我们初步看到了 Verilog 实现硬件电路的源文件,即模块的基本结构:

(1) Verilog 程序是由模块构成的。每个模块中包含不同的内容,这些内容被安排在 module 和 endmodule 两个关键字之间。

(2) 每一个模块完成一个特定的功能。模块是可以进行层次嵌套的。一个大型的数字电路与系统可以分割成若干个实现一定功能的子模块,然后通过顶层模块调用子模块,完成系统的整体功能。

(3) 在每一个模块中要对端口进行定义,说明输入、输出口,并对模块的功能进行逻辑描述。

(4) 模块是 Verilog 的基本设计单位。一个模块由两部分组成:一部分描述接口;另一部分描述逻辑功能。这种描述实际上就是说明输入是如何影响输出的。

下面给出了一个通用的模块或源文件的基本结构。

```
    module module name(port list);
    Declarations:
        input, output, inout;
        reg, wire, parameter;
        function, task, …;
    Statements:
        initial statement;
        always statement;
        module instantiation;
        Gate instantiation;
        UDP instantiation;
        Continuous assignment;
    endmodule
```

在一个程序模块中,第一行是模块的端口(或叫接口)定义,其格式为

  module 模块名(端口1,端口2,端口3,…);

它声明了模块的输入、输出端口。

接下来的 Declarations 说明部分用于定义不同的项,例如模块 I/O(输入/输出)的信号流向,哪些是输入、哪些是输出;定义描述中使用的数据类型、寄存器和参数等。I/O 说明的格式为

  input 输入端口名1,输入端口名2,…,输入端口名 N;

output 输出端口名1，输出端口名2，…输出端口名N；

当它们有规律地排列时，可使用简略写法。如上述4位二进制加法器电路源代码中第三行、第五行和3位二进制乘法器电路源代码中第五行、第六行那样。

我们也可以把I/O说明直接放在端口定义语句里，其格式为

module module name(输入端口名1，输入端口名2，…，输入端口名N，输出端口名1，输出端口名2，…，输出端口名N)；

Statements语句的定义部分则用于定义设计的功能和结构，它是模块的核心。

说明部分和语句定义部分可以散布在模块中的任何地方，但是变量、寄存器、线网和参数等的说明部分必须在使用前出现。

为了使模块描述清晰和具有良好的可读性，最好将所有的说明部分放在语句前。

1.2 描 述 方 式

在设计的源文件即模块中，可以采用下述四种描述方式：
(1) 数据流描述方式。
(2) 行为描述方式。
(3) 结构化描述方式。
(4) 混合描述方式(前三种方式的混合)。

下面通过实例分别说明这四种描述方式。

1.2.1 数据流描述方式

用数据流描述方式对要求实现的硬件电路建模或设计源文件，最基本的方法就是使用连续赋值语句。在连续赋值语句中，若干个值(或数据)被指定为线网变量。线网变量是数据类型的一种。

连续赋值语句的格式为

assign [delay] LHS_net=RHS_expression;

等号右边表达式中的操作数无论在什么时候发生变化，该表达式都会重新计算，并在设定的时延[delay]后将变化了的值赋予等号左边的线网变量。

时延[delay]定义了等号右边表达式中的操作数变化与赋值给等号左边之间的持续时间。[delay]是可选的，如果没有定义它的值，缺省时延为0。

例 1.4 用数据流描述方式，对如图1.2所示一位全减器电路建模(编写源文件)。

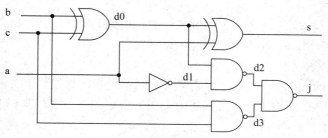

图1.2 一位全减器电路

该一位全减器的输入为 a、b、c，输出 s 代表差，j 代表向高位借位，c 代表低位向本位借位。其真值表如表 1.1 所示。

表 1.1　一位全减器真值表

a	b	c	s	j
0	0	0	0	0
0	0	1	1	1
0	1	0	1	1
0	1	1	0	1
1	0	0	1	0
1	0	1	0	0
1	1	0	0	0
1	1	1	1	1

下面给出了用数据流描述方式对图 1.2 所示一位全减器电路编写的源文件。

```
module ywqj(s, j, a, b, c);
    input a, b, c;
    output s, j;
    wire d0, d1, d2, d3;
    assign d0=c^b;
    assign s=d0^a;
    assign d1=~a;
    assign d2=~(d0&d1);
    assign d3=~(b&c);
    assign j=~(d2&d3);
endmodule
```

上述模块中，线网类型连线(wire)说明了 4 个连线型变量 d0、d1、d2、d3(连线型类型是线网类型的一种)。模块中包含了 6 个连续赋值语句。

连续赋值语句是并发执行的，与语句的先后顺序无关。

一位全减器电路设计的另一种简单思路如例 1.5 所示。

例 1.5

```
module suber1(a, b, c, s, j);
    input a, b;
    input c;
    output s;
    output j;
    assign {j, s}=a-b-c;    /*有效利用了连接符{ , }，将用逗号分隔的向高位借位 j 与差 s
                              按位连接在一起*/
endmodule
```

例 1.6 用数据流描述方式,对七段译码器建模(编写源文件)。

输入 A、B、C 经译码器使输出 a1、b1、c1、d1、e1、f1、g1 驱动七段数码管,显示相应的数字 0、1、2、3、4、5、6、7。七段数码管各段的定义如图 1.3 所示,其真值表如表 1.2 所示。

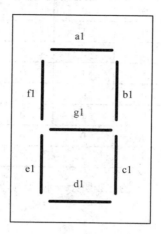

图 1.3 七段数码管各段的定义

表 1.2 七段数码管显示真值表

A	B	C	a1	b1	c1	d1	e1	f1	g1	显示
0	0	0	1	1	1	1	1	1	0	0
0	0	1	0	1	1	0	0	0	0	1
0	1	0	1	1	0	1	1	0	1	2
0	1	1	1	1	1	1	0	0	1	3
1	0	0	0	1	1	0	0	1	1	4
1	0	1	1	0	1	1	0	1	1	5
1	1	0	1	0	1	1	1	1	1	6
1	1	1	1	1	1	0	0	0	0	7

根据真值表,可写出七段数码管译码器的逻辑方程:

a1=(~A&~B&~C) | (~A&B&~C) | (~A&B&C) | (A&~B&C) | (A&B&~C) | (A&B&C);
b1=(~A&~B&~C) | (~A&~B&C) | (~A&B&~C) | (~A&B&C) | (A&~B&~C) | (A&B&C);
c1=(~A&~B&~C) | (~A&~B&C) | (~A&B&C) | (A&~B&~C) | (A&B&~C) | (A&B&C);
d1=(~A&~B&~C) | (~A&B&~C) | (~A&B&C) | (A&~B&C) | (A&B&~C);
e1=(~A&~B&~C) | (~A&B&~C) | (A&B&~C);
f1=(~A&~B&~C) | (A&B&~C) | (A&~B&C) | (A&B&~C);
g1=(~A&B&~C) | (~A&B&C) | (A&~B&~C) | (A&~B&C) | (A&B&~C);

下面给出了用数据流描述方式对七段数码管译码器编写的源文件。

```
module ymq(A, B, C, a1, b1, c1, d1, e1, f1, g1);
    input A, B, C;
    output a1, b1, c1, d1, e1, f1, g1;
    wire a1, b1, c1, d1, e1, f1, g1;
assign a1=(~A&~B&~C) | (~A&B&~C) | (~A&B&C) | (A&~B&C) | (A&B&~C) | (A&B&C);
assign b1=(~A&~B&~C) | (~A&~B&C) | (~A&B&~C) | (~A&B&C) | (A&~B&~C) | (A&B&C);
assign c1=(~A&~B&~C) | (~A&~B&C) | (~A&B&C) | (A&~B&~C) | (A&~B&C) | (A&B&~C)
         | (A&B&C);
assign d1=(~A&~B&~C) | (~A&B&~C) | (~A&B&C) | (A&~B&C) | (A&B&~C);
assign e1=(~A&~B&~C) | (~A&B&~C) | (A&B&~C);
assign f1=(~A&~B&~C) | (A&~B&~C) | (A&~B&C) | (A&B&~C);
assign g1=(~A&B&~C) | (~A&B&C) | (A&~B&~C) | (A&~B&C) | (A&B&~C);
endmodule
```

注意：在 assign 语句中，左边变量的数据类型必须是 wire 型。

1.2.2 行为描述方式

一个设计用行为描述方式给出其行为功能，可使用如下语句：

(1) initial 语句：该语句只执行一次，通常多用于仿真。

(2) always 语句：该语句总是循环执行，或者说该语句重复执行。

需要特别注意的是：① 只有寄存器类型数据能够在这两种语句中被赋值；② 寄存器类型数据在被赋给新值前保持原值不变；③ 所有的初始化语句 initial 和总是语句 always 在 0 时刻并发执行。

例 1.7　下面给出了用行为描述方式对前述七段译码器编写的源文件。

```
module cnt_7(a1, b1, c1, d1, e1, f1, g1, A, B, C);
    output a1, b1, c1, d1, e1, f1, g1;
    input A, B, C;
    reg a1, b1, c1, d1, e1, f1, g1;
    always   @(A or B or C)
    begin                   //begin…end 顺序过程，或叫顺序块
    case({A, B, C})         //case 语句在第 3 章介绍
    3'd0:{ a1, b1, c1, d1, e1, f1, g1}=7'b1111110;
    3'd1:{ a1, b1, c1, d1, e1, f1, g1}=7'b0110000;
    3'd2:{ a1, b1, c1, d1, e1, f1, g1}=7'b1101101;
    3'd3:{ a1, b1, c1, d1, e1, f1, g1}=7'b1111001;
    3'd4:{ a1, b1, c1, d1, e1, f1, g1}=7'b0110011;
    3'd5:{ a1, b1, c1, d1, e1, f1, g1}=7'b1011011;
    3'd6:{ a1, b1, c1, d1, e1, f1, g1}=7'b1011111;
    3'd7:{ a1, b1, c1, d1, e1, f1, g1}=7'b1110000;
```

```
        default:{a1, b1, c1, d1, e1, f1, g1}=7'bx;
        endcase
    end

endmodule
```

例 1.8 用行为描述方式对序列检测器建模(编写源文件)。

序列检测器要求检测输入数据中"1"的个数并做出相应判别,当连续输入三个或三个以上"1"时,电路输出为 1,否则输出为 0。因为要对采样的数据中的"1"计数,所以运用了"if…else"结构。

端口说明:din 为输入的待检测数据序列,dout 为对输入数据进行统计的结果,clk 为时钟。

下面给出了用行为描述方式对序列检测器编写的源文件。

```
module check_bit(din, dout, clk);
    input   din, clk;
    output  dout;
    reg     dout;
    reg[2:0]num;

    always @ (posedge clk)
        if   (din= =1'b0)
        begin
            dout<=1'b0;          //这里使用了非阻塞赋值符<=,关于非阻塞赋值,3.1.2 节将作介绍
            num<=3'd0;
        end
        else
        begin
            num<=num+3'd1;
            if(num>=3'd2)   //这里的>=是大于等于,为关系操作符,见表 2.1
            begin
                dout<=1'b1;
                num<=3'd3;
            end
            else
                dout<=1'b0;
        end
endmodule
```

学习了第 6 章,读者可对该源文件进行仿真验证。例如,输入 din=01111001100,输出 dout=00011000000,在第 3 个 1 到来时,输出为 1。

一般在组合电路中采用阻塞赋值,时序电路中采用非阻塞赋值,并且判断时的条件与阻塞赋值不同,需要注意。

例 1.9 用行为描述方式对码制转换电路建模(编写源文件)。
将 4 位二进制码转换为格雷码，对应关系如表 1.3 所示。

表 1.3 4 位二进制码与格雷码的对应关系

十进制数	二进制码				Gray 码			
	B3	B2	B1	B0	G3	G2	G1	G0
0	0	0	0	0	0	0	0	0
1	0	0	0	1	0	0	0	1
2	0	0	1	0	0	0	1	1
3	0	0	1	1	0	0	1	0
4	0	1	0	0	0	1	1	0
5	0	1	0	1	0	1	1	1
6	0	1	1	0	0	1	0	1
7	0	1	1	1	0	1	0	0
8	1	0	0	0	1	1	0	0
9	1	0	0	1	1	1	0	1
10	1	0	1	0	1	1	1	1
11	1	0	1	1	1	1	1	0
12	1	1	0	0	1	0	1	0
13	1	1	0	1	1	0	1	1
14	1	1	1	0	1	0	0	1
15	1	1	1	1	1	0	0	0

下面给出了用行为描述方式对码制转换电路编写的源文件。

```verilog
module bcd2grey(data_in, data_out);
    input[3:0]data_in;
    output reg[3:0]data_out;
    always @ (data_in)
    begin
        data_out[3]=data_in[3];
        data_out[2]=data_in[3]^data_in[2];
        data_out[1]=data_in[2]^data_in[1];
        data_out[0]=data_in[1]^data_in[0];
    end
endmodule
```

仿真波形如图 1.4 所示。

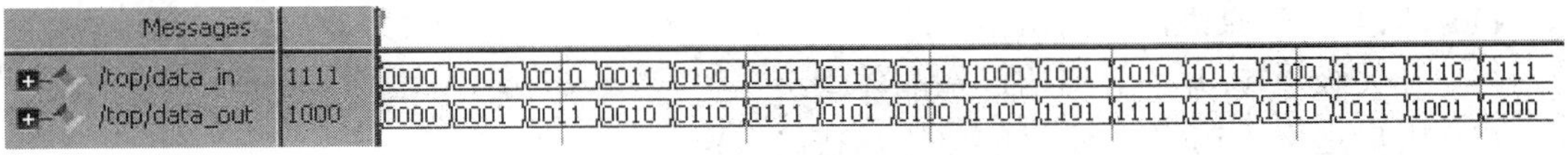

Messages		
/top/data_in	1111	0000)0001)0010)0011)0100)0101)0110)0111)1000)1001)1010)1011)1100)1101)1110)1111
/top/data_out	1000	0000)0001)0011)0010)0110)0111)0101)0100)1100)1101)1111)1110)1010)1011)1001)1000

图 1.4 4 位二进制码与格雷码转换的仿真波形

例 1.10 用 initial 语句产生波形。

下面给出了一个 initial 语句的例子。

```
`timescale  1ns/1ns    /*编译指令`timescale 将模块中所有时延的单位设置为 1 ns,时间精度设
                        置为 1 ns(反引号`在计算机键盘上与~同键,它不同于单引号 ')*/
module test_w(w1, w2);
output w1, w2;
reg w1, w2;
initial
begin
  w1=0;           //时延 0 ns
  w2=0;           //时延 0 ns
  w1=#2  1;       //时延 2 ns,将高电平 1 赋给 w1
  w2=#3  1;       //时延 3 ns,将高电平 1 赋给 w2
  w1=#5  0;       //时延 5 ns,将低电平 0 赋给 w1
  w2=#1  0;       //时延 1 ns,将低电平 0 赋给 w2
end
endmodule
```

上述模块产生如图 1.5 所示的波形。

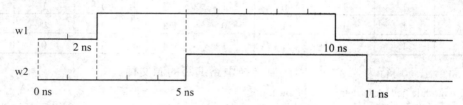

图 1.5 test_w 模块的输出波形

initial 语句包含了一个顺序过程 begin…end。

这一顺序过程在 0 ns 时开始执行,并且顺序过程中的所有语句全部执行完毕后,initial 语句永远挂起。

initial 语句主要用于在仿真的初始状态对各变量进行初始化,也可生成激励波形作为电路的仿真信号。

initial 语句主要是一条面向仿真的过程语句,不能用来描述硬件电路的功能。

1.2.3 结构化描述方式

在 Verilog HDL 中可使用如下方式进行结构化描述。

(1) 门语句(门原语,在门级)。

(2) 开关级语句(开关级原语,在晶体管级)。

(3) 用户定义语句(用户定义的原语,在门级)。

(4) 模块实例(创建成层次结构)。

结构化描述方式通过线网来相互连接。

例 1.11 用结构化描述方式对前述一位全加器建模(编写源文件)。

一位全加器的电路如图 1.6 所示。

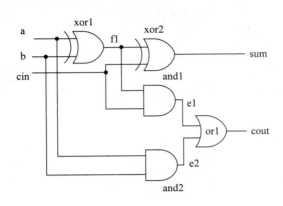

图 1.6 一位全加器

下面给出了用结构化描述方式对一位全加器编写的源文件(直接用门语句进行结构化描述)。

```
module Fulladder(sum, cout, a, b, cin);
    input cin;
    input a, b;
    output cout;
    output sum;
    wire    f1, e1, e2;
    xor
    xor1(f1, a, b);
    xor2(sum, f1, cin);
    and
    and1(e1, f1, cin);
    and2(e2, a, b);
    or
    or1(cout, e1, e2);
endmodule
```

可以看出上述建模就是将逻辑电路图用 Verilog HDL 规定的语言表示出来，即用 Verilog HDL 中内置的基本门级元件(Gate Level Primitives,门级原语)描述逻辑图中的元件以及元件之间的连接关系。在这个例子中包含了基本门原语 xor、and、or。它们用线网类型变量 f1、e1、e2 来相互连接。由于没有指定顺序，它们可以以任何顺序排列。xor1、and1、or1 等是门的名称，紧跟其后的信号列表是互连的，列表中的第一个是门输出，其余是输入。

结构化描述方式也可以通过模块实例来完成，这种用模块实例创建成层次结构就是将一个数字系统划分为多个小模块，再分别对每个小模块建模，然后将这些小模块组合成一个总模块，完成所需的功能。

例 1.12 用结构化描述方式对 4 选 1 数据选择器 mux4_1 编写源文件。

下面给出了用结构化描述方式对 mux4_1 编写的源文件(通过模块实例创建成层次结构来完成，用 3 个 mux2_1 模块构成 mux4_1)。

```
zong.v              //总模块源文件
top_mux4_1.v        //顶层模块源文件
module top_mux4_1(a0, a1, a2, a3, s0, s1, y);

   input   a0, a1, a2, a3, s0, s1;
   output  y;
   wire    y, z0, z1;

   bottom_mux2_1
     u1(.a(a0),.b(a1),.s(s0),.z(z0)),
     u2(.a(a2),.b(a3),.s(s0),.z(z1)),
     u3(.a(z0),.b(z1),.s(s1),.z(y));

endmodule

bottom_mux2_1.v

module bottom_mux2_1(a, b, s, z);
output z;
input a, b, s;

reg z;

always @ (a or b or s)
begin
  case(s)
     1'b1:z=b;
     1'b0:z=a;
     default:z=1'bx;
  endcase
end

endmodule
```

图 1.7 为 mux2_1 的电路组成及其符号。图 1.8 为由 mux2_1 模块构成的 mux4_1 及其符号。

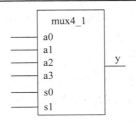

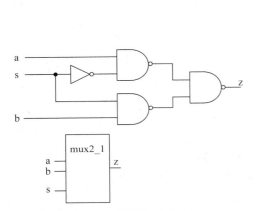

图 1.7 mux2_1 的电路组成及其符号

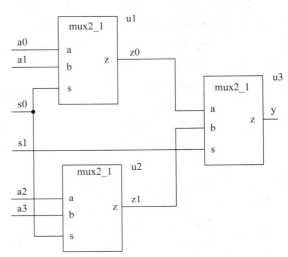

图 1.8 由 mux2_1 模块构成的 mux4_1 及其符号

前面一个模块是 mux4_1 的顶层模块，后面一个模块是 mux2_1 底层子模块。在 Verilog 中，顶层模块调用底层模块的语法很简单：

底层子模块名　实例名(对应的端口);

对应的端口可以用两种方式实现关联：

(1) 使用命名关联：端口的名称和它连接的线网被显式地给出，每一个形式都为 (.port_name(net_name), .port_name(net_name), …)，注意前面有个小圆点。

(2) 使用位置关联：端口与线网位置一一对应，此时关联的顺序十分重要，每一个形式都为(net_name, net_name, …)。

上面的源代码中使用了命名关联。

子模块在顶层模块中实例化以后，就相当于一个实际的电路，是物理上存在的实体，而不同于计算机高级语言设计的软件中函数调用的概念。因此，在使用 Verilog 等硬件描述语言进行电路设计时，重要的是要注重电路实体的功能，而 Verilog 中的函数或者模块调用实际上是复制一块实体电路。

1.2.4　混合描述方式

在一个模块中，结构化描述、行为描述、数据流描述可以自由混合。

也就是说，一个模块中可以包含实例化的门(门原语或叫门基元)、模块实例化语句、连续赋值语句、初始化语句 initial 和总是语句 always 的混合。

在混合描述方式中，来自初始化语句 initial 和总是语句 always 的值能驱动门或开关的输入端，而来自于门或连续赋值语句的值能够反过来用于触发(门的输出或连续赋值语句的值作为输入)初始化语句 initial 和总是语句 always。也就是说，门的输出或连续赋值语句的值可以驱动 always 块的输入端即 always 行为表达式右边的值。

必须注意的是：只有寄存器类型数据可以在初始化语句 initial 和总是语句 always 中赋值，连续赋值语句只能驱动线网。

例 1.13 用混合描述方式对图 1.6 所示的一位全加器编写的源文件。

```
module Fulladder(sum, cout, a, b, cin);
    input cin;
    input a, b;
    output cout;
    output sum;
    wire f1;
    reg   e1, e2, cout;
    xor
    xor1(f1, a, b);              //门实例语句
    assign sum=f1^cin;           //连续赋值语句
    always @ (a or b or cin or f1)   //always 语句
    begin
    e1=f1&cin;
    e2=a&b;
    cout=e1|e2;
    end
endmodule
```

只要 a 或 b 上有事件发生，门实例语句即被执行。

只要 f1 或 cin 上有事件发生，连续赋值语句即被执行。

只要 a、b、cin 或 f1 上有事件发生，always 语句即被执行。

例 1.14 用混合描述方式对由三个 D 触发器构成的三位左移寄存器编写源文件。

```
module shfq(d, q, clock);
    output  [0:2]q;
    input d, clock;
    reg    [0:2]q;
    wire d1, d2;
    assign   d1=q[0]
    assign   d2=q[1];
    always @(posedge clock)
    q[0]<=d;
    always @(posedge clock)
    q[1]<=d1;
```

always @(posedge clock)
q[2]<=d2;

endmodule

  Verilog 语言中有两个主要的数据类型：寄存器和线网。在混合描述的模块中，它们的设置关系可以用图 1.9 加以说明。

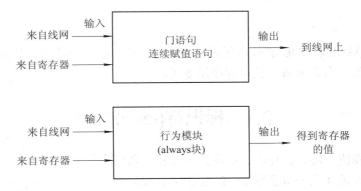

图 1.9 混合描述的模块中寄存器和线网的关系

思考与习题

1. Verilog HDL 的基本描述单位是什么？
2. 试述 Verilog HDL 实现硬件电路的源文件即模块的基本结构。
3. 在设计的源文件即模块中，可以使用哪四种描述方式。
4. 一个设计若用行为描述方式给出其行为功能，应使用哪些语句？
5. 在 Verilog HDL 中可使用哪些方式进行结构化描述？
6. 在 Verilog HDL 中，顶层模块如何调用底层模块？
7. 只有何种类型的数据可以在初始化语句 initial 和总是语句 always 中赋值？连续赋值语句只能驱动何种类型的数据？
8. 试用 Verilog HDL 使用四种描述方式对图 1.10 所示的组合电路设计源文件。

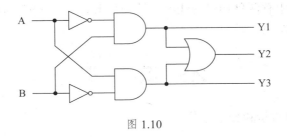

图 1.10

第 2 章 Verilog HDL 的基本要素

本章介绍 Verilog HDL 的基本要素，包括标识符、格式与注释、数据、数据类型、操作符、系统任务、系统函数、编译程序指令等。

2.1 标识符(identifier)

标识符是模块、端口、连线、寄存器等元素的名字。

标识符可以是任意一组字母(26 个英文小写，26 个英文大写)、数字(0~9)、$符号和下划线，但数字不能打头。

每个系统函数和系统任务前面都用一个标识符$加以确认。

标识符的字符数不能多于 1024 个。转义标识符(以反斜杠开始，以空白结尾，空白可以是一个空格、一个制表字符或换行符)中可以包含任意的可打印字符。

2.2 格式与注释

1．格式

Verilog HDL 的格式包括自由格式和标识符。

自由格式即结构可以跨越多行编写，也可以在一行内编写。白空(新行、制表符和空格)没有特殊意义。

标识符区分大小写，也就是说大小写不同的标识符是不同的。

2．注释

在 Verilog HDL 中有两种形式的注释：第一种形式"/*…*/"，可以扩展至多行；第二种形式"//"，在本行结束。

2.3 数据

Verilog HDL 中有常量和变量之分。

2.3.1 常量

在程序运行过程中(确切地说在硬件电路中)其值不能被改变的量称为常量。

Verilog HDL 中有四类常量：

(1) 整数型常量。
(2) 实数型常量。
(3) 字符串型常量。
(4) 参数常量(或称符号常量)。

下划线符号"_"可以随意用在整数型常量或实数型常量中，它们就数量本身没有意义。它们能用来提高易读性；唯一的限制是下划线符号不能作为首字符。

1. 整数型常量

整数型常量可以按两种格式书写：简单的十进制数格式和基数格式。

(1) 简单的十进制格式。这种形式的整数定义为带有一个可选的"+"(一元或称单目)或"−"(一元或称单目)操作符的数字序列。例如：

    23   十进制数 23
    −12   十进制数 −12

这种形式的整数值代表一个有符号的数。它们可使用补码形式表示：23 用 6 位的二进制形式可表示为 010111；−12 用 6 位的二进制形式可表示为 110100。

(2) 基数表示法。这种形式的整数格式为

    [size]'base value

其中：size 定义以位计的常量的位长；base 为进制：o 或 O(表示八进制)，b 或 B(表示二进制)，d 或 D(表示十进制)，h 或 H(表示十六进制)；value 是基于 base 的值的数字序列。

值 x 和 z 以及十六进制中的 a～f 不区分大小写。注意，这里 base 前的" ' "号在键盘上与双引号同键(在 word 环境下以 Times New Roman 体输入符号"'"显示为单引号"'"，在 Verilog 的源文件×××.v 中会自动变为"'")。

例如：

    7'O1234   7 位八进制数
    8'B111x_0111   8 位二进制数
    4'D21   4 位十进制数
    6'Hx   6 位 x(扩展的 x)，即 xxxxxx
    4'hZ   4 位 z(扩展的 z)，即 zzzz
    4'd−12   非法，数值不能为负
    3' b001   非法，'和基数 b 之间不允许出现空格

? 字符在数中可以代替值 z，在值 z 被解释为不分大小写的情况下可提高可读性。

2. 实数型常量

实数型常量可以用两种形式定义：十进制计数法和科学计数法。

(1) 十进制计数法。

例如：

    1.0
    2.345
    123.12

    0.1

    3.   非法，小数点两侧必须有1位数字

(2) 科学计数法。

例如：

  12_5.1e2 其值为12510.0;   忽略下划线

  12E2   1200.0;   e(与E相同)

  2 E-4   0.0002

  Verilog语言定义了实数型常量如何隐式地转换为整数型常量。实数型常量通过四舍五入被转换为最相近的整数型常量。

3. 字符串型常量

  字符串型常量是双引号内的字符序列。字符串型常量不能分成多行书写。

  用 8 位 ASCII 值表示的字符可看做是无符号整数型常量。因此字符串型常量是 8 位 ASCII 值的序列。为存储字符串"ZXCVBNM"，变量需要 8×7 位。

  反斜线(\)用于对确定的特殊字符转义。

  \n 换行符

  \t 制表符

  \\ 字符\本身

  \" 字符"

  \123 八进制数123对应的字符

4. 参数常量

  参数常量用 parameter 来定义常量。参数常量经常用于定义时延和变量的宽度。使用参数常量说明的参数只被赋值一次。参数常量的说明形式如下：

  parameter param1=constexpr1, param2=constexpr2, …,

  paramN=constexprN;

  参数值也可以在编译时被改变。改变参数值可以使用参数定义语句或通过在模块初始化语句中定义参数值。

2.3.2 变量

  变量是在程序运行过程中(确切地说在硬件电路中)其值可以被改变的量。

  硬件电路中的输入、输出可看成是一种变量。

  变量有确定的类型。

2.3.3 Verilog HDL 四种基本的值

  Verilog HDL 有以下四种基本的值：

  (1) 0：逻辑0或"假"。

  (2) 1：逻辑1或"真"。

  (3) x：未知。

  (4) z：高阻。

这四种值都表明于语言中。如一个为 z 的值总是意味着高阻抗，一个为 0 的值通常是指逻辑 0。x 值和 z 值都不分大小写。

2.4 数 据 类 型

Verilog HDL 有两种数据类型：net 线网数据类型和 variable 变量数据类型。寄存器类型属于 variable 变量数据类型。

(1) 线网类型(net type)。线网类型的数据表示 Verilog 描述的硬件结构元件间的物理连线。它的值由驱动元件的值决定，例如连续赋值或门的输出。如果没有驱动元件连接到线网，线网的缺省值为 z。

(2) 寄存器类型(register type)。寄存器类型的数据表示一个抽象的数据存储单元，它只能在 always 语句和 initial 语句中被赋值，并且它的值从一个赋值到另一个赋值被保存下来，即赋值结束，它的值依然被保存，直到新的赋值将它刷新。寄存器类型的变量的缺省值为 x。

2.4.1 线网类型

线网数据类型包含下述不同种类的线网子类型：

(1) wire：连线，它是最常用的线网子类型。
(2) tri：三态线。
(3) wor：线或。
(4) trior：三态线或。
(5) wand：线与。
(6) triand：三态线与。
(7) trireg：三态寄存器。
(8) tri1：三态 1。
(9) tri0：三态 0。
(10) supply0：电源 0，接地。
(11) supply1：电源 1，接电源+极。

线网类型的说明格式为

    netkind[msb:lsb]net1, net2, …, netN;

其中：netkind 是上述线网类型的一种；msb 和 lsb 是用于定义线网范围的常量表达式，范围定义是可选的，如果没有定义范围，则缺省的线网类型为 1 位。

1. wire 和 tri 线网

用于连接单元的连线(wire)是最常见的线网类型。连线与三态线(tri)网的格式和语义一致。三态线可以用于描述多个驱动源驱动同一根线的线网类型，并且没有其他特殊的意义。

如图 2.1 所示，当把 W1、W2、W3 说明为三态线(tri)网时，它们可以分时与总线 WZ 传送信息。例如，当要求 W1 与 WZ 传送信息时，可控制 W2、W3 处于高阻态，此时可认为它们与总线断开。

2. wor 和 trior 线网

线或(wor)指如果某个驱动源为 1，那么线网的值也为 1。线或和三态线或(trior)在语法和功能上是一致的。

如图 2.2 所示，当把 W1、W2、W3 说明为线或(wor)线网时，只要 W1、W2、W3 中有一个或一个以上为 1，那么线网 W0 的值也为 1。

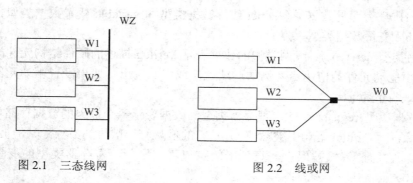

图 2.1　三态线网　　　　　图 2.2　线或网

3. wand 和 triand 线网

线与(wand)指如果某个驱动源为 0，那么线网的值为 0。线与和三态线与(triand)在语法和功能上是一致的。

如图 2.3 所示，当把 W1、W2、W3 说明为线与(wand)线网时，只要 W1、W2、W3 中有一个为 0，那么线网 W0 的值为 0。

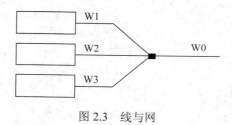

图 2.3　线与网

4. trireg 线网

trireg 线网存储数值(类似于寄存器)，并且用于电容节点的建模。也就是说，trireg 线网将连线建模为存储电荷的电容。当三态寄存器(trireg)的所有驱动源都处于高阻态，即值为 z 时，三态寄存器线网保存作用在线网上的最后一个值。此外，三态寄存器线网的缺省初始值为 x。

5. tri0 和 tri1 线网

tri0 和 tri1 线网可用于线逻辑的建模，即线网有多于一个驱动源。tri0(tri1)线网的特征是，若无驱动源驱动，则它的值为 0(tri1 的值为 1)，用于对给定电源进行电阻性上拉/下拉。

6. supply0 和 supply1 线网

supply0 线网用于对"地"建模，即低电平 0；supply1 线网用于对电源建模，即高电平 1。

下面对一些细节进行说明：

(1) 在 Verilog HDL 中，有可能不必声明某种线网的类型，此时，缺省线网的类型为 1

位 wire 线网。

可以使用 \`default_nettype 编译器指令来声明线网类型：

  \`default_nettype netkind

例如：

  \`default_nettype tri

任何未被声明的线网缺省为 1 位三态线网。

(2) 在 Verilog HDL 中，有可能定义标量和向量线网，此时，可选用关键字 scalared 或 vectored。如果一个线网定义时使用了关键字 scalared 或 vectored，那么就不允许位选择和部分选择该线网。换句话说，必须对线网整体赋值。

任何未用关键字 scalared 或 vectored 定义的线网，缺省为标量。

顺便说一下 Verilog HDL 中标量和向量的概念。标量：只有大小，没有方向的量。例如，5.2.2 小节的模 4 加法/减法计数器源文件中 Z 为标量。向量：有大小，有方向的量。例如，5.2.2 小节的模 4 加法/减法计数器源文件中 currentState、nextState 都为向量。

2.4.2 寄存器类型

寄存器包含下述 5 种不同的类型：

(1) reg：寄存器类型，是最常用的数据类型。

(2) integer：整数寄存器。

(3) time：时间寄存器。

(4) real：实数寄存器。

(5) realtime：实数时间寄存器。

1. reg 寄存器类型

reg 寄存器数据类型是最常见的数据类型。

reg 寄存器使用关键字 reg 加以说明，格式如下：

  reg[msb:lsb]reg1, reg2, ..., regN;

其中，msb 和 lsb 定义了范围，并且均为常数值表达式。范围定义是可选的；如果没有定义范围，则缺省值为 1 位寄存器。例如：

  reg[4:0]sum;   //sum 为 5 位寄存器

  reg[31:0]zxc1, zxc2;   //zxc1、zxc2 都是 32 位寄存器

reg 寄存器可以取任意长度。

reg 寄存器中如果存放带正、负号的数，则 0 代表正、1 代表负，负数以补码的形式存放。

例如：

  reg[4:1]zxcv;

  zxcv=-2;   //zxcv 中是以(1110)存放的，1110 是 2 的补码

  zxcv=5;   //zxcv 中是以(0101)存放的

reg 寄存器的扩展(派生)——存储器是一个寄存器数组。

存储器使用如下方式说明：

  reg[msb:lsb]memory1[upper1:lower1],

```
                    memory2[upper2:lower2],…;
```
例如：
```
    reg[0:3]   four_mem[0:63];      //four_mem 为 64 个 4 位寄存器的数组
    reg mem[1:4];                   //mem 为 4 个 1 位寄存器的数组
```
存储器还有一些其他规定，使用时可参考相关资料。

2. integer 整数寄存器类型

integer 整数寄存器用于存放整数值。整数寄存器可以作为普通寄存器使用。使用整数寄存器类型时，说明形式如下：
```
    integer integer1 integer2, …, integerN[msb:lsb];
```
其中，msb 和 lsb 是定义整数数组界限的常量表达方式，数组界限的定义是可选的。注意允许无位界限的情况。一个整数寄存器最少容纳 32 位，详见 3.12 节。下面是整数说明的实例。
```
    integer A, B, C;            //3 个整数型寄存器
    integer zxc[6:0];           //一组 7 个整数型寄存器
```
一个整数型寄存器可存储有符号数，并且算术操作符提供 2 的补码运算结果。

规定整数型寄存器中的整数不能作为位向量访问。

一种获取位值的方法是将整数赋值给一般的 reg 型变量，然后从中选取相应的位。

例如：
```
    reg[31:0]   wxy;
    integer wey;
    …
    //wey[2]和 wey[15:5]是不允许的
    …
    wxy=wey;
    /*现在，wxy[2]和 wxy[15:5]是允许的，并且从整数型寄存器 wey 中获取相应的位值*/
```
这个例子说明了如何通过简单的赋值将整数转换为位向量。类型转换自动完成，不必使用特定的函数。

从位向量到整数的转换也可以通过赋值完成。

例如：
```
    integer zxc;
    reg[3:0]   asd;
    zxc=5;          //zxc 中若以 32 位存放 5，则为 32'b0000…00101
    asd=zxc;        //asd 的值为 4'b0101
    asd=4'b0101.
```
注意：赋值总是从最右端的位向最左边的位进行；任何多余的位将被自动截断。

3. time 时间寄存器类型

time 时间寄存器用于存储和处理时间。time 时间寄存器的说明格式为
```
    time   time_id1, time_id2, …, time_idN[msb:lsb];
```
其中，msb 和 lsb 是表明范围界限的常量表达式。如果未定义界限，则每个标识符存储一个

至少 64 位的时间值。时间类型的寄存器只存储无符号数。例如：

  time zxc[15:0];   //说明了一个存储时间值的时间寄存器数组
  time zxc   //说明了一个存储时间值的时间寄存器 zxc

4．real 实数寄存器和 realtime 实数时间寄存器类型

实数寄存器的说明格式为

  real realreg1, realreg2, …, realregN;

实数时间寄存器的说明格式为

  realtime realtimereg1, realtimereg2, …, realtimeregN;

realtime 与 real 类型完全相同。例如：

  real asd;   //说明了一个存储实数的寄存器
  realtime asdtime;   //说明了一个存储实数时间的寄存器

real 说明的变量的缺省值为 0。不允许对 real 声明值域、位界限或字节界限。

当将值 x 和 z 赋予 real 类型寄存器时，这些值作 0 处理。

event 事件是一种特殊的变量类型，它不具有任何值，作用是使模块不同部分的事件在时间上同步。

通常，net 线网数据类型(如 wire 等)和寄存器类型(如 reg 等)后方括号中用冒号隔开的范围的最高位 MSB(msb)在前，最低位 LSB(lsb)在后，最高位的有效数字比最低位大。将 reg 扩展为存储器时，方括号中用冒号隔开的范围的最高位 MSB 在前，最低位 LSB 在后，最高位的有效数字比最低位小。

2.5 操 作 符

Verilog 的操作符比较丰富，如表 2.1 所示。

表 2.1 Verilog 的操作符

名称	符号	说明	应用情况
算术操作	+	加或正值	寄存器、线网操作数为无符号数，实数、整数可有符号，某位不定，值不定
	−	减或负值	寄存器、线网操作数为无符号数，实数、整数可有符号，某位不定，值不定
	*	乘	寄存器、线网操作数为无符号数，实数、整数可有符号，某位不定，值不定
	/	除	寄存器、线网操作数为无符号数，实数、整数可有符号，某位不定，值不定。另，被 0 除，值为 x
	%	取模	寄存器、线网操作数为无符号数，实数、整数可有符号
赋值操作	=	赋值、阻塞赋值	立即赋值
	<=	非阻塞赋值	在块结束时才赋值

续表

名称	符号	说明	应用情况
关系操作	>	大于	寄存器、线网操作数为无符号数，实数、整数可有符号，某位不定，值不定
	<	小于	寄存器、线网操作数为无符号数，实数、整数可有符号，某位不定，值不定
	>=	大于等于	寄存器、线网操作数为无符号数，实数、整数可有符号，某位不定，值不定
	<=	小于等于	寄存器、线网操作数为无符号数，实数、整数可有符号，某位不定，值不定
逻辑关系操作	&&	逻辑与	用作逻辑连接符，可用在 if 语句中
	||	逻辑或	用作逻辑连接符，可用在 if 语句中
	!	逻辑取反	将非 0 值变 0，0 值变 1，模糊值变 x
条件操作	?:	条件操作	将冒号两边两个值之一返回给问号表达式
位运算操作	~	按位取反	对操作数按位取补，x 的补是 x
	|	按位或	0|0 为 0，0|1、1|0、1|1 为 1；x|0 为 x，x|1 为 1
	^	按位异或	0^0 为 0，1^0 为 1，1^1 为 0，x^0、x^1、x^x 均为 x
	&	按位与	0&0 为 0，0&1、1&0 为 0，1&1 为 1，x&0 为 0，x&1 为 x，x&x 为 x
	^~ 或 ~^	按位异或非	0^~0 为 1，0^~1 为 0，1^~1 为 1，x^~0、x^~1、x^~x 均为 x
移位操作	<<	左移	将<<左侧的操作数左移其右侧指定的位数，空位补 0
	>>	右移	将>>左侧的操作数右移其右侧指定的位数，空位补 0
等式操作	==	逻辑等	比较两个值是否相等
	!=	逻辑不等	比较两个值是否不相等
	===	case 等	比较两个值是否相等，每位等，为 TRUE，否则为 FALSE
	!==	case 不等	比较两个值是否不相等，一位不等，为 TRUE，否则为 FALSE
缩减操作	&	缩减与	单目，产生一位结果，值为操作数各位值的与
	~&	缩减与非	单目，产生一位结果，值为操作数各位值的与非
	|	缩减或	单目，产生一位结果，值为操作数各位值的或
	~|	缩减或非	单目，产生一位结果，值为操作数各位值的或非
	^	缩减异或	单目，产生一位结果，值为操作数各位值的异或
	~^ 或^~	缩减异或非	单目，产生一位结果，值为操作数各位值的异或非
拼接操作	{,}	拼接或称连接	将两个以上用逗号分隔的表达式按位连在一起

这些操作符的优先级别如下：

这些单操作符 !，&，~&，|，~|，^，~^，+ (单目，或称一元，如 +2)，- (单目，或称一元，如 -5)，~ 级别最高，为 1 级；

*，/，% 为 2 级；

+ (二元加，如 3 + 2)，- (二元减，如 5 - 1)为 3 级；

<<，>> 为 4 级；

<，<=，>，>= 为 5 级；

= =，! =，= = =，! = = 为 6 级；

&，~&，^，~^ (双目)为 7 级；

|，~| (双目)为 8 级；

&& 为 9 级；

|| 为 10 级；

?: 为 11 级，级别最低。

在表达式中，它们的结合性是从左向右(除 ?: 外)。

2.6 系统函数和系统任务

Verilog 中提供了许多系统函数和任务，如$display、$write、$bitstoreal、$monitor、$strobe、$setup、$finish、$skew、$hold、$setuphold、$itor、$strobe、$period、$time、$printtimescale、$timeformat、$realtime、$width、$realtobits、$recovery($rtoi)等。

它们的前面都用一个$符号加以确认。这些系统函数和任务具有很强的功能。现将几个常用的任务和函数加以介绍。

1. $display、$write 任务

仿真期间有两个基本的任务用于显示(输出)信息：$display 和$write。其格式为

$display(p1, p2, ···, pn);

$write(p1, p2, ···, pn);

参数 p2~pn 按参数 p1 给定的格式输出。p1 通常为"格式控制"，p2~pn 为"输出表列"。这两个任务基本上是相同的，唯一的区别是，$display 任务执行结束时自动换行。它们与 C 语言中的系统函数 printf()类似。

例如：

$display("max, %d min:%h", a, b);

格式控制是双引号括起来的字符串，包括两种信息：格式说明、普通字符。

1) 格式说明

格式说明由%和格式字符组成，其输出格式为

h 或 H	以十六进制形式输出
d 或 D	以十进制形式输出
o 或 O	以八进制形式输出
b 或 B	以二进制形式输出

c 或 C	以 ASCII 码形式输出
v 或 V	输出线网(net)型数据信号强度
m 或 M	输出等级层次名字
s 或 S	以字符串的形式输出
t 或 T	以当前的时间格式输出

2) 普通字符

普通字符原样输出，特殊字符转换输出。其中 \n 为换行。

如果输出表列中表达式的值含有 x、z，则可能是 x、z 或 X、Z，可参阅有关资料。

2. 系统任务$monitor

每当指定的一个或多个值发生变化时，$monitor 命令将打印信息。

$monitor 命令的格式为

  $monitor(p1, p2, …, pn);   //同$display 任务中的参数

  $monitor;

  $monitoron;

  $monitoroff;

任务$monitor 具有监控和输出参数表列中的表达式或变量值的功能。

$monitoron 和$monitoroff 任务的作用分别是打开和关闭监控标志，使任务$monitor 启动和停止。

3. 系统时间函数$time

$time 是一个以 64 位值的形式返回当前时间的函数。

例如，可用$monitor 命令打印时间：

  $monitor($time,,, "regB=", regB);

",,"代表一个空参数。空参数在输出时显示为空格。仿真时间的变化不会触发$monitor 的打印。

4. 系统时间函数$realtime

$realtime 和$time 的作用是一样的，不同的是，$realtime 返回的时间数字是一个实型数，该数字与$time 一样，也是以时间尺度为基准的。

5. 系统任务$finish

$finish 格式为

  $finish;   //默认参数值为 1

  $finish(n);

其作用是退出仿真器，返回主操作系统，即结束仿真过程。

n 为 0，不输出任何信息；

n 为 1，输出当前仿真时刻和位置；

n 为 2，输出当前仿真时刻、位置和仿真所用 memory 及 CPU 时间的统计。

6. 系统任务$stop

$stop 格式为

        $stop;   //默认参数为 1
        $stop(n);   //参数同 $finish 的解释
$stop 和 $finish 都是终止仿真。区别在于，$stop 将控制返回给仿真器的命令行解释器，而 $finish 将控制返回给操作系统。

7. 系统任务 $readmemb 和 $readmemh

这两个系统任务用于将磁盘文件中的信息读入 Verilog 存储器。"b"的任务是读取二进制数，"h"的任务是读取十六进制数。其格式为

        $readmemx("filename", <memname>, <<start_addr><, <finish_addr>>?>?);

其中 x 表示是 b 或 h；双引号中是文件名；<memname>为存储器名；<start_addr>是可选项，说明数据的起始地址，如无，就使用存储器声明中给出的地址；<finish_addr>是数据结束地址，也可在文件中说明地址。

8. 系统函数 $random

这个系统函数提供了一个产生随机数的手段。每次调用这个函数时返回一个 32 位的随机数，它是一个带符号的整形数。

$random 的调用格式为

        $random;   //不带参数调用
        $random(<seed>);

其中，<seed>是一个输入/输出参数，用于控制返回的数。参数是寄存器型、整型、时间型变量。

2.7 编译预处理指令

Verilog 的编译预处理指令是其编译系统的一个组成部分，与 C 语言的编译预处理功能类似。

这些预处理指令以符号"`"开头(在键上与～号同为一键，它不同于单引号"'")，而 C 语言的编译预处理指令以"#"开头。Verilog 的编译预处理命令较丰富，我们在这里只介绍四种，其余的可查阅参考书。

1. 宏定义命令 `define

`define 用一个指定的标识符(即名字)代表一个字符串。其一般格式为

`define 标识符(宏名) 字符串(宏内容)

例如：

        `define SIG string

用一个简单的 SIG 来代替 string 字符串。

2. 文件包含处理命令 `include

文件包含处理是指一个源文件可以将另外一个源文件的全部内容包含进来，即将另一个文件包含到本文件中。其一般格式为

        `include"文件名"

用它可以避免设计人员的重复劳动。编写 Verilog 源文件时,一个源文件可能用到另几个源文件中的模块,此时,只要用该命令将用到的模块的源文件包含进来即可。

3. 时间尺度命令 `timescale

`timescale 命令用来说明跟在该命令后的模块的时间单位和时间精度。其一般格式为

　　　　`timescale<时间单位>/<时间精度>

<时间单位>用来定义模块中仿真时间和延迟时间的基准单位。<时间精度>用来声明该模块仿真时间的精确程度,用它可对延迟时间值进行取整操作,所以又称取整精度。

用于说明时间单位和时间精度的数字必须是整数:1,10,100;单位为秒(s),毫秒(ms),微秒(μs),纳秒(ns),皮秒(ps),飞秒(fs)。

例如:

　　　　`timescale 1ns/1ps

4. 条件编译命令 `ifdef…`else…,`endif,`ifdef…,`endif

当希望一部分内容只在满足条件时才编译,就可选择下列命令之一。

(1) `ifdef 宏名(标识符)。

　　程序段 1

　　　　`else

　　程序段 2

　　　　`endif

若宏名已被定义过(用`define),则对程序段 1 进行编译,程序段 2 将被忽略;否则,编译程序段 2,程序段 1 被忽略。

(2) `ifdef 宏名(标识符)。

　　程序段 1

　　　　`endif

思考与习题

1. Verilog HDL 中有哪四类常量?
2. Verilog HDL 有哪两类数据类型?
3. 整数型可以按两种格式书写:简单的十进制数格式和基数格式。试写出基数表示法的格式。
4. Verilog HDL 有哪四种基本的值?
5. 寄存器类型包含哪五种不同的寄存器类型?写出最常用的一种格式。
6. 操作符 &&,||,! 与 &,|,~ 应用时有何区别?

第3章　Verilog HDL 的基本语句

本章介绍 Verilog HDL 的基本语句，包括赋值语句、块语句、条件语句、循环语句、结构说明语句、行为描述语句、内置门语句、内置开关语句、用户定义原语等。

3.1　赋　值　语　句

3.1.1　连续赋值语句和过程赋值语句

赋值语句分为连续赋值语句和过程赋值语句。

1. 连续赋值语句

连续赋值语句一直是有效的，无论何时输入一旦改变，输出就随着改变。它的标志(即关键字)是 assign。

连续赋值语句的格式为

　　　assign　[drive_strength][delay]list_of_net_assignments;

其中：方扩号都是可选部分；驱动强度[drive_strength]默认为 strong0 和 strong1，也可指定为除 supply0 和 supply1 之外任何类型的标量线网；延迟 [delay] 默认为 0；list_of_net_assignments 是列出线网赋值。

例如：

　　　assign　sum = a+b;　　//一种最简单形式

assign 语句的等号左端变量必须是线网类型，如 wire。

一个完整的例子如例 3.1 所示。

例 3.1

```
module nequ_comp(nequ,a,b);
input[2:0]a,b;
output nequ;
assign nequ=(a ! = b)?1:0;
endmodule
```

采用连续赋值语句，通过条件操作符，描述了一个只判断两个三位数 a、b 是否不相等的比较器。如果 a 与 b 不相等，则 nequ 输出为 1，否则输出为 0。

2. 过程赋值语句

只有当过程到来且控制权传递给它时才执行的语句称为过程赋值语句。过程赋值语句的前面没有关键字，它出现在过程块中。

过程赋值的格式为

  reg type = expression;

其中，reg type 寄存器变量必须是寄存器类型或存储器型变量，应在模块的说明部分确认；expression 是表达式。

直接用"="给变量赋值的过程赋值的左端变量必须是 reg。

过程赋值只允许出现在 always 和 initial 结构块中。

一个过程赋值完整的例子如例 3.2 所示。

例 3.2

```
module  mux2_1(a,b,s,z);
input a,b,s;
output z;
reg z;
always @(a or b or s)
if(!s) z=a;
else z=b;
endmodule
```

采用过程赋值语句通过 if 语句描述了一个 2 选 1 多路选择器。由 s 控制，当 s 为非，即 s 为 0 时，z 输出选择 a，否则选择 b。

3.1.2 阻塞赋值语句和非阻塞赋值语句

赋值语句又分为阻塞赋值语句和非阻塞赋值语句。

阻塞赋值语句用 = 符号连接，非阻塞赋值用 <= 符号连接，可形象的记忆为非阻塞赋值多了个非，符号就多了个 <。

阻塞赋值语句和非阻塞赋值语句是用 Verilog HDL 建模的难点之一，设计时要仔细琢磨。

1. 阻塞赋值语句

我们先看如图 3.1 所示的阻塞赋值语句的执行"路线图"。

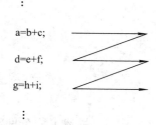

图 3.1 阻塞赋值语句的执行"路线图"

阻塞，即本条语句具有影响下一条语句的作用。在同一个 always 进程中，一条阻塞赋值语句的执行直接影响着下条语句的执行情况和结果。阻塞，从字面层上可理解为本条语句阻塞了下一条语句的执行。

一个阻塞赋值完整的例子如例 3.3 所示。

例 3.3

```
module blocking(clk,in,out1,out2);
    output [3:0] out1,out2;
    input   [3:0] in;
    input   clk;
    reg     [3:0] out1,out2;
    always @(posedge clk)
     begin
      out1 = in;
      out2 = out1;
     end
endmodule
```

值得注意的是：一条阻塞赋值语句执行完后立即生效，并且下一条语句就可以使用写到符号"="左侧的值。

2. 非阻塞赋值语句

我们先看如图 3.2 所示的非阻塞赋值语句的执行"路线图"。

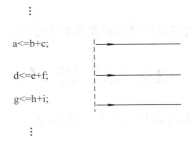

图 3.2　非阻塞赋值语句的执行"路线图"

非阻塞，即各条语句是并发执行(同时执行)的。它更能体现时序逻辑硬件电路的某些特点。任何 always 和 initial 语句中，等待同一个变化沿的所有非阻塞赋值语句都是同步的。非阻塞赋值通常与边沿触发(敏感)电路对应，时钟边沿到来时，电路才动作，赋值才有效。

一个非阻塞赋值完整的例子如例 3.4 所示。

例 3.4

```
module non_blocking(clk,in,out1,out2);
    output [3:0] out1,out2;
    input   [3:0] in;
    input   clk;
    reg     [3:0] out1,out2;
    always @(posedge clk)
```

```
        begin
            out1 <= in;
            out2 <= out1;
        end
    endmodule
```

了解了上述概念以后，关键是在设计中如何正确应用它们。

通常，阻塞赋值语句运用在组合电路中，非阻塞赋值语句运用在时序电路中。但许多数字电路往往是既有组合又有时序，此时要仔细考虑。

当为时序逻辑建模时，使用"非阻塞赋值"；当描述边沿敏感电路系统中的并行传输时，一定要使用"非阻塞赋值"；当为锁存器(latch)建模时，使用"非阻塞赋值"；当在同一个always块里面既为组合逻辑又为时序逻辑建模时，使用"非阻塞赋值"。

当用always块为组合逻辑建模时，使用"阻塞赋值"。

不要在同一个always块里面混合使用"阻塞赋值"和"非阻塞赋值"。

不要在两个或两个以上always块里面对同一个变量进行赋值。

可通过编写一个测试模块，并使用系统选通任务$strobe或系统显示任务$display进行功能仿真显示已被"非阻塞赋值"、"阻塞赋值"的值，观测、理解其概念。

本书在6.1.3小节比较了电路设计中阻塞赋值与非阻塞赋值的区别。

值得注意的是：采用非阻塞赋值的赋值语句，只有当整个设计中等待同一个边沿的所有非阻塞赋值语句"<="的右边计算完毕后，才更新它左边的值，左边的新值在下一条语句中是不能使用的。

阻塞赋值语句和非阻塞赋值语句可看成是两种类型以不同方式完成的过程赋值语句。

3.2 块 语 句

Verilog HDL的块语句有顺序块语句和并行块语句。

3.2.1 顺序块语句

顺序块语句的格式为

```
begin [:block_identifier{ block_item_declaration}]
    {statement}
end
```

其中：方扩号是可选部分(书中以后解释相同)；block_identifier 块标识符是给顺序块起的名子；block_item_declaration 块项目说明可以是参数说明、寄存器说明、事件说明等。可以在命名的 begin...end 块内对新的局部变量进行规定和存取。begin ... end 之间可包含多条过程赋值语句。它们的用途是将多个过程语句组合成一个复合句。

一个顺序块完整的例子如例3.5所示。

例 3.5

    `timescale  1ns/1ns   /*编译指令`timescale将模块中所有时延的单位设置为1ns，时间精度设置

为 1ns。*/
```
module test_w(w1,w2);
output w1,w2;
reg w1,w2;
initial
begin
    w1=0;              //时延 0 ns
    w2=0;              //时延 0 ns
    w1=#2  1;          //时延 2 ns,将高电平 1 赋给 w1
    w2=#3  1;          //时延 3 ns,将高电平 1 赋给 w2
    w1=#5  0;          //时延 5 ns,将低电平 0 赋给 w1
    w2=#1  0;          //时延 1 ns,将低电平 0 赋给 w2
end
endmodule
```

3.2.2 并行块语句

并行块语句的格式为

fork[:block_identifier{ block_item_declaration}]
    {statement}
join

其中:block_identifier 块标识符是给并行块起的名字;block_item_declaration 块项目说明可以是参数说明、寄存器说明、事件说明等。可以在命名的 fork ... join 块内对新的局部变量进行规定和存取。fork ... join 之间的每一条语句看做是一个独立的进程。

一个并行块完整的例子如例 3.6 所示。

例 3.6
```
`timescale 1ns/1ns
module test_w(w1,w2);
output w1, w2;
reg w1, w2;
initial
fork
    w1=1'b0;           //时延 0 ns
    w2=1'b0;           //时延 0 ns
    w1=#2 1'b1;        //时延 2 ns,将高电平 1 赋给 w1
    w2=#3 1'b1;        //时延 3 ns,将高电平 1 赋给 w2
    w1=#5 1'b0;        //时延 5 ns,将低电平 0 赋给 w1
    w2=#10 1'b0;       //时延 10 ns,将低电平 0 赋给 w2
join
endmodule
```

注意：一些 EDA 开发软件综合通不过，用 isp design EXPERT：综合通过。
如下例子也是不可综合的：

```
module fj(clk,reset,a,b);
input clk,reset;
output [3:0]a,b;
reg[3:0] a,b,w;
always fork:main
@(negedge reset)
    disable main;
begin
  wait(reset)
  @(posedge clk)
    a<=0;
    w<=0;
    while(w<=10)
    begin
    @(posedge clk);
    a<=a+b;
    w<=w+1;
    end
    @(posedge clk);
    if(a<0)
      b<=0;
      else a<=0;
end
    join
endmodule
```

使用 isp design EXPERT: Fork with a disable is not synthesizable，fork 带有 disable，是不可综合的。

并行块给出了一种并行执行语句的流程，但在具体设计模块时要注意变量可能隐含的竞争、某些 EDA 开发软件不能对其综合等问题。

通常，可综合就能实现 FPGA/CPLD 对应的硬件电路结构，不可综合不能对应硬件电路，不可综合语句可用来仿真、验证 verilog HDL 描述的硬件电路。

注意，这些语句可能不能被综合：time，defparam，$finish，fork，join，initial，delays，UDP，wait、casex，casez，wand，triand，wor，trior，real，disable，forever，arrays，memories，repeat，task，while。

3.3 条件语句

条件语句用于改变设计描述中对流程的控制。

3.3.1 if else 语句

if 语句用来判断所给条件是否满足，并根据结果(真或假)决定执行给出的操作。Verilog HDL 中有三种形式的 if 语句。

(1) if (condition) 语句；

一个 if (condition) 完整的例子如例 3.7 所示。

例 3.7

```
module equ_comp(equ,a,b);
    input a,b;
    output equ;
    reg equ;
    always @(a,b)
    begin
        if (a==b)        //两个等号之间不能有空格
            equ=1;
    end
endmodule
```

(2) if (condition) 语句 1；
　　else　语句 2；

完整的例子如例 3.8 所示。

例 3.8

```
module bj(A,B,FA,FAB,FB);
    input    A,B;
    output   FA,FAB,FB;
    reg    FA,FAB,FB;
    always@(A or B)
    begin
        FA=0;
        FAB=0;
        FB=0;
        if (A==B)FAB=1;
        else if(A>B)FA=1;
        else FB=1;
    end
```

endmodule

(3) if (condition1)语句 1;
   else if (condition2) 语句 2;
   else if (condition3) 语句 3;
   …
   else if (condition n-1) 语句 n-1;
   else 语句 n;

此处例子略，请读者编写例子练习。

注意，上述三种形式的条件(condition)通常为关系表达式或逻辑关系表达式。对条件判断时，其值若为 0、x、z，则按"假"处理，紧跟的语句不执行；其值若为 1，则按"真"处理，紧跟的语句被执行。

当 if 与 else 多次连用时，要注意其配对关系：else 总是与它上面最近的 if 配对。

表达式可以简写。例如，if(expression)与 if(expression==1)等效。

关系表达式用 >(大于)，>=(大于等于)，<(小于)，<=(小于等于)，等式操作用==(等于)，!=(不等于)等操作符来连接。四值逻辑 (0，1，x，z)比较时要比较每一位，包括不确定位和高阻位。此时可使用"case 等于"操作符(= = =)和"case 不等于"操作符(! = =)将不确定位和高阻位参与比较。

逻辑关系表达式用 &&(与)、||(或)、!(非)等逻辑关系操作符来连接。

3.3.2　case 语句

当 if 条件可以用一个共同的基本表达式来表示时，常使用 case 语句表达多分支结构。

case 语句格式为
```
case(control_expr)          //括号中为控制表达式
case_item_expr1: statement;
case_item_expr2: statement;
  ⋮
default: statement
endcase
```

case 语句首先对控制表达式 control_expr 求值，然后依次对各分支项 case_item_expr 求值并进行比较，第一个与控制表达式值相匹配的分支中的语句 statement 被执行，即哪个分支与控制表达式值相匹配，就执行其冒号后的语句，否则执行 default 后面的语句。

可以在一个分支中定义多个分支项；这些值不需要互斥。缺省 default 分支覆盖所有没有被分支表达式覆盖的其他分支。

分支表达式和各分支项表达式不必都是常量表达式。

在 case 语句中，x 和 z 值作为文字值进行比较。

case 语句的例子见第 1 章 1.2.2 小节。

还有两种接受无关值的 case 语句：casex 和 casez，这些形式对 x 和 z 值使用不同的解释。除关键字 casex 和 casez 以外，语法与 case 语句完全一致。

在 casez 语句中，出现在 case 表达式和任意分支项表达式中的值 z 被认为是无关值，即哪个位被忽略(不比较)。

在 casex 语句中，值 x 和 z 都被认为是无关位。

3.3.3 条件操作符构成的语句

如果要从两个值中选出一个来赋值，此时，可使用条件操作符 (?:)。

条件操作符的格式为

  expression1? expression2: expression3;

如果第一个表达式 expression1 为真，则条件操作的值是第二个表达式 expression2，否则，它的值就是第三个表达式 expression3。

条件操作符的例子见例 3.1。

3.4 循 环 语 句

循环语句是用来描述重复的顺序行为的语句。Verilog HDL 中有四类循环语句：

(1) forever 循环。

(2) repeat 循环。

(3) while 循环。

(4) for 循环。

3.4.1 forever 循环语句

forever 循环语句语的格式为

  forever

   procedural   statement   //程序语句

forever 循环语句是一直循环执行语句。因此，为跳出这样的循环，中止语句(disable)可以与过程语句共同使用。在过程语句中必须使用某种形式的时序控制，否则，forever 循环将在 0 时延后永远循环下去。

forever 循环语句常用于产生周期性的波形，应用于仿真测试信号。

一个 forever 循环的例子如例 3.9 所示。

例 3.9

  module clk_w(clk);

   output clk;

   reg clk;

   initial

   forever

   begin

   #0 clk=0;

   #10 clk=1;

   #10 clk=0;

end
endmodule

注意，一些 EDA 开发软件综合编译通不过。

上面程序用 isp design EXPERT：综合编译通过，Quartus II 综合编译通不过。

forever 循环一般情况下是不可综合编译的。如果被边沿触发@(negedge clk)形式的时间控制打断，可综合编译。

3.4.2 repeat 循环

repeat 循环语句的格式为

  repeat(loop count)   //圆括号中给出循环数
  procedural statement   //程序语句

这种循环语句执行指定循环次数的过程语句。如果循环数或循环计数表达式的值不确定，即为 x 或 z 时，那么循环次数按 0 处理。

一个 repeat(loop count)循环的例子如例 3.10 所示。

例 3.10

```
module plus3(a,b,result);
input[2:0]a,b;
output[5:0]result;
reg[5:0]result;
always   //
    begin:rep
    reg[5:0] shift_a,shift_b;
        shift_a=a;
        shift_b=b;
        result=0;
        repeat(3)
    begin
    if(shift_b[0])
    result=result+ shift_a;
    shift_a=shift_a<<1;
    shift_b=shift_b>>1;
    end
        end
endmodule
```

使用 repeat 循环语句及加法和移位操作实现两个三位二进制乘法器。

3.4.3 while 循环

while 循环语句的格式为

  while(condition)   //圆括号中给出循环条件

procedural   statement

此循环语句循环执行过程赋值语句直到指定的条件为假。如果循环条件表达式在开始时为假，那么过程语句便永远不会执行。如果条件表达式为 x 或 z，那么它也同样按 0(假)处理。

一个 while(condition)循环的例子如例 3.11 所示。

例 3.11

```
module jsh(rega,tempreg);
input [7:0]rega;
output [7:0] tempreg;
integer count;
always
begin:con
reg [7:0] tempreg;
count=0;
tempreg=rega;
while(tempreg)
begin
if(tempreg[0])
count=count+1;
tempreg=tempreg>>1;
end
end
endmodule
```

在实际应用中，forever 循环、while 循环中的每一条控制路径必须指定时钟边沿，因此，它们不能用于组合逻辑。

3.4.4 for 循环

for 循环语句的格式为

for(initial   assignment; condition ; step   assignment)
    procedural   statement;

一个 for 循环语句按照指定的次数重复执行过程赋值语句若干次。初始赋值 initial assignment 给出循环变量的初始值。condition 条件表达式指定循环在什么情况下必须结束。只要条件为真，循环中的语句就执行；而 step   assignment 给出要修改的赋值，通常为增加或减少循环变量计数。

for 循环语句的执行过程如图 3.3 所示。

我们在实际运用中体会到，Verilog HDL 的 for 循环语句编程看似简洁，但有时实现的硬件电路未必简单。

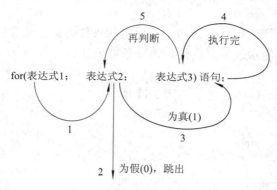

图 3.3 for 循环语句的执行过程

一个 for 循环的例子如例 3.12 所示。

例 3.12

```
module plus4(a,b, result );
input[2:0] a,b;
output[5:0] result;
reg [5:0]result;
integer bindex;
always@(a or b)
    begin
    result=0;
    for(bindex=0;bindex<3;bindex=bindex+1)
            if(b[bindex])
        result=result+(a<<bindex);
    end
endmodule
```

在条件语句和循环语句中，通过安排时钟事件可以设计非常复杂的状态转换。这些安排的限制是一个循环体必须至少有一个时钟事件控制符@(一些文献叫事件说明符@)，它可以处于循环体内的任意位置。

3.5 结构说明语句

为了更方便管理、更容易调用，Verilog HDL 提供了一类用户可定义的、完成一定功能的函数说明语句和任务说明语句。这类函数说明语句和任务说明语句作为一个整体，可看成一种结构说明语句。

3.5.1 task(任务)

Verilog HDL 中的任务与计算机软件中的过程类似。它可以由调用语句调用，执行之后返回到下一条语句。它不能用在表达式中，但可以接受参数并返回结果。它内部可以声明局部变量，这些变量的作用域局限在这个任务中。
　　task(任务)的格式为
　　　　task   task_identifier;
　　　　　　{ task_item_declaration}
　　　　　　statement;
　　　　endtask

其中：task_identifier 任务标识符实际就是该任务的名字；task_item_declaration 任务的各项说明包括端口及数据类型的声明语句；statement 可以有若干句。

　　任务调用及变量的传递格式为
　　　　task_identifier(port1, port2,…, portn);
其中：task_identifier 表示任务的名字；port1, port2,…, portn 表示端口1, 端口2, …, 端口n。任务调用的变量和任务定义的 I/O 变量之间是一一对应的。

3.5.2　function(函数)

Verilog HDL 中的函数与计算机软件中的函数类似。函数有一个输出(函数名)和至少有一个输入。在函数内部其他标识符可以被说明，它们的作用域是函数内部。函数不能包含延迟(#)或事件控制(@, wait)语句。

　　函数的目的是返回一个用于表达式的值。
　　function 函数的格式为
　　　　function[range or type] function_identifier;
　　　　function_item_declaration;
　　　　statement;
　　　　endfunction

其中：range or type 返回值的类型或范围是可选的，若默认，则返回为一位寄存器型数据；function_identifier 函数标识符实际就是该函数的名字；function_item_declaration 函数各项说明包括端口说明、变量类型说明；statement 可以有若干句。在函数的定义中必须有一条赋值语句给函数中的内部变量赋以函数结果值，该内部变量具有和函数名相同的名字。Verilog HDL 模块使用函数时是把它当作表达式中的操作符，这个操作的结果值就是这个函数的返回值。

　　函数的调用格式为
　　　　function_identifier(expression, …, expression);
　　　　function_identifier 函数名，expression, …, expression 表达式, …表达式。

function(函数)和 task(任务)说明语句的不同点：

(1) 函数只能与主模块共用同一个仿真时间单位，而任务可以定义自己的仿真时间单位。

(2) 函数能调用其他函数不能调用其他任务，而任务能调用其他任务和函数。

(3) 函数至少要有一个输入变量，但不能将 inout 型作为输出，而任务可以没有或有多个任何类型的变量。

(4) 函数为调用它的表达式返回一个值，而任务则不返回值。

(5) 函数的定义不能包含任何的时间控制语句，而任务可以。

(6) 函数调用是表达式中的一个操作数，可以在过程和连续赋值语句中调用，而任务调用是一个单独的过程语句，不能在连续赋值语句中调用。

(7) 函数的目的是通过返回一个值来对应输入信号的值，而任务却能支持多种目地，并能计算多个结果值，这些结果值只能通过被调用的任务的输出或总线端口送出。

3.6 行为描述语句

行为描述的标志是包含了一个或多个 always 语句，或有 initial 语句。行为描述语句包括：① initial(初始化)语句；② always(总是)语句。第 2 章曾作了一些介绍，这里做进一步说明。

3.6.1 initial 语句

initial 语句的格式为

    initial statement;

其中，statement 语句可以包括若干个。

initial 语句只执行一次。

initial 语句提供了一种在实际电路开始模拟之前初始化输入波形和模拟变量的方式。

initial 语句所包含的语句一旦执行完毕，它不会再重复执行，就永远挂起。

initial 语句通常多用于描述模拟的初始化工作。

3.6.2 always 语句

always 语句的格式为

    always statement;

其中，statement 语句可以包括若干个。

always 语句反复执行。

always 所包含的语句反复执行，永远不退出或终止执行。一个行为建模中可包含一个或多个 always 语句。

always statement 的 statement 结构形式很丰富，约有 10 多种，如：

(1) 阻塞赋值(blocking assignment)；

(2) 非阻塞赋值(non blocking assignment)；

(3) 过程连续赋值(procedural continuous assignment)；

(4) 过程定时控制(procedural timing control statement)；

(5) 条件语句(conditional statement)；

(6) 情况语句(case statement)；

(7) 循环语句(loop statement)；

(8) 等待语句(wait statement)；

(9) 终止语句(disable statement)；

(10) 事件触发(event trigger);
(11) 顺序块(seq_block);
(12) 并行块(par_block);
(13) 任务使能(task enable);
(14) 系统任务使能(system task enable)。

通常有如下一些常用结构形式:

① always statement1;

always 后只紧跟一个或几个阻塞赋值语句; always 后只紧跟一个或几个非阻塞赋值语句, 它们是一种最简单形式。

一个 always 后只紧跟一个阻塞赋值语句的例子如例 3.13 所示。

例 3.13

```
module clk_1(clock);
output clock;
reg clock;
initial
    #10 clock=1;
always
    #20 clock= ~clock;
endmodule
```

但需注意, always 语句具有不断活动的特性, 只有和一定的时序控制结合在一起才有效, 否则将会产生锁死。如果该例中不加#20 延时 20 个单位的时序控制, 就会产生锁死。

② always
    begin
      ⋮
    end

always 后通过一个顺序过程语句 begin…end 来包括若干个语句, 从整体上可看成一个语句。

③ always
    fork
      ⋮
    join

always 后通过一个并行块 fork…join 来包括若干个语句。

④ always delay_control;

delay_control(延时控制)可以是以#开始的延时值, 可以是#(mintypmax_expression)即以#开始的最小-典型-最大表达式, 如: #(1:2:3), 最小延时值为 1, 典型延时值为 2, 最大延时值为 3。

⑤ always event_control;

这种形式最常用, 必须掌握。

event_control(事件控制)可以是@event_identifier, 即以事件控制符@开头的事件名; 也可以是@(event_expression)，以事件控制符@开头，括号中为事件表达式或由几个表达式用 or 连起来的敏感表(新版本允许用逗号连起来)。

always 都需要等待信号值的变化或事件的触发(正边沿 posedge、负边沿 negedge 触发或电平触发)，使用事件控制符@和(敏感列表)表示。

可用符号@(*)来代替，把所有输入变量都自动包括进敏感列表(有边沿触发时不允许这样来代替)。敏感列表中无边沿触发时通常实现组合逻辑电路。但有时也可生成锁存器(inferred latch 推断出的锁存器)。

另外，也可使用关键字 wait 表示等待电平敏感的条件为真，进行时序控制。

一个例子如例 3.14 所示。

例 3.14
```
        module shr(aIn,count_e,count);
        input [3:0]aIn;
        input count_e;
        output [3:0]count;
        reg [3:0]count;
        always
        wait(count_e)   #10 count=count+1;      //随时注意应为英文输入下的分号
        endmodule
```

请记住几种最常用形式：
(1)　　always @(inputs)　　　　　　　　　　//括号中包含所有组合逻辑输入信号
　　　　begin
　　　　...   //在顺序块中构成组合逻辑
　　　　end
(2)　　always @(inputs)　　　　　　　　　　//括号中为所有输入
　　　　if (enable)
　　　　begin
　　　　...   //在顺序块中构成锁存器的动作
　　　　end
(3)　　always @(posedge Clock)　　　　　　//括号中只有时钟
　　　　begin
　　　　...   //在顺序块中构成同步的动作
　　　　end
(4)　　always @(posedge Clock or negedge Reset)　//括号中只是时钟和复位
　　　　begin
　　　　if (!reset)   //括号中为测试异步复位的有效激励电平
　　　　...   //构成异步动作
　　　　else
　　　　...   //构成同步动作
　　　　 //给出触发器及逻辑

end

initial statement;其中的语句 statement 的结构形式与 always 类似。

3.7 内置门语句

Verilog HDL 提供了由 14 个门级基元组成的集合，可将它们称为内置门语句。这些门级基本单元可通过线网连接，并将它们封装进模块，从而建立更大的功能模块。

3.7.1 多输入门

多输入门 n_input_gate 的格式为

    n_input_gatetype [drive_strength] [delay2] n_input_gate_instance;

n_input_gatetype：n 输入门类型，包括 and(与门)、nand(与非门)、or(或门)、nor(或非门)、xor(异或门)、xnor(异或非门、同或门)。

n_input_gate_instance：n 输入门实例，包括可选门实例的名字、门的输出、输入端列表，后二者用括号括起，且输出在前、输入在后，由逗号隔开，如[name_of_gate_instance] (output_terminal, input_terminal{,input_terminal})。

可选的驱动强度[drive_strength]：指明门输出的电气特性即驱动能力。当一条连线由多个前级输出所驱动时，各驱动端的驱动强度不同，将直接影响连线最终的逻辑状态。默认强度为 strong0、strong1。

可选的延迟[delay2]：这里 delay2 可以是#delay_value；也可以是 #(delay_value [, delay_value])，括号中第一项为上升延迟，第二项为下降延迟。可选的延迟 [delay2]默认为 0。

图 3.4 给出了三组多输入门举例。在模块中，图 3.4(a)、(b)、(c)分别被描述为

    and(Y, a, b, c, d);
    nand(Y, a, b, c, d);
    or(Y, a, b, c, d);
    nor(Y, a, b, c, d);
    xor(Y, a, b, c, d);
    xnor(Y, a, b, c, d);

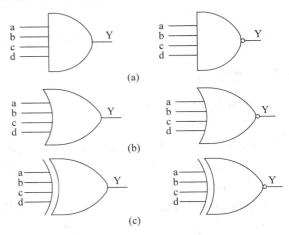

图 3.4　多输入门举例

当然，当它们同时出现在同一模块中时，输入、输出端子的名字应按实际情况加以区分。

3.7.2 多输出门

多输出门 n_output_gate 的格式为

    n_output_gatetype[drive_strength] [delay2]n_output_gate_instance;

n_output_gatetype：n 输出门类型包括 buf(缓冲门)、not(非门)。

n_output_gate_instance：n 输出门实例，包括可选门实例的名字、门的输出、输入端列表，后二者用括号括起，且输出在前、输入在后，由逗号隔开，如[name_of_gate_instance](output_terminal{, output_terminal}，input_terminal)。

可选的驱动强度[drive_strength]：指明门输出的电气特性即驱动能力。

可选的延迟[delay2]：这里 delay2 可以是 #delay_value；也可以是 #(delay_value[, delay_value])，括号中第一项为上升延迟，第二项为下降延迟。可选的延迟[delay2]默认为 0。

图 3.5 给出了多输出门举例。在模块中，buf(缓冲门)、not(非门)分别被描述为

    buf(Y1, Y2, …, Yn, a);
    not(Y1, Y2, …, Yn, a);

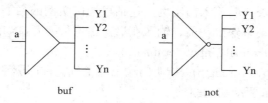

图 3.5　多输出 buf(缓冲门)和 not(非门)

3.7.3 使能门

在系统设计中，使能门是必不可少的。

使能门 enable_gate 的格式为

    enable_gatetype[drive_strength][delay3]enable_gate_instance;

enable_gatetype：使能门类型包括 bufif1 高电平使能三态缓冲门、bufif0 低电平使能三态缓冲门、notif1 高电平使能非门、notif0 低电平使能非门。

enable_gate_instance：使能门实例，包括可选门实例的名字、输出、输入、使能端列表，后三项用括号括起，且输出在前、输入和使能在后，由逗号隔开，如[name_of_gate_instance](output_terminal, input_terminal, enable_terminal)。

可选的驱动强度[drive_strength]：指明门输出的电气特性即驱动能力。

可选的延迟[delay3]：这里 delay3 可以是 #delay_value；也可以是 #(delay_value[, delay_value[, delay_value]])，括号中第一项为上升延迟，第二项为下降延迟，第三项为高阻延迟(用于 trireg 线网时，它使连线的值变为 x 的衰减时间)。可选的延迟[delay3]默认为 0。

图 3.6 给出了使能门举例。在模块中，bufif1 高电平使能三态缓冲门、bufif0 低电平使能三态缓冲门、notif1 高电平使能非门、notif0 低电平使能非门分别被描述为

    bufif1(Y, a, en);　　　　//当 en 为 0 时，bufif1 驱动输出 Y 为高阻；否则 a 被传输至 Y
    bufif0(Y, a, en);　　　　//当 en 为 1 时，bufif0 驱动输出 Y 为高阻；否则 a 被传输至 Y

notif1(Y, b, en);   //当 en 为 0 时，notif1 驱动输出 Y 为高阻；否则 b 非被传输至 Y
notif0(Y, b, en);   //当 en 为 1 时，notif0 驱动输出 Y 为高阻；否则 b 非被传输至 Y

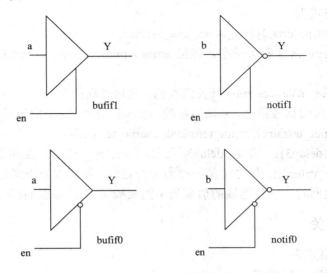

图 3.6 使能门举例

3.7.4 上拉和下拉

上拉 pullup 的格式为

    pullup[pullup_strength]   pull_gate_instance;

pull_gate_instance：上拉门实例，包括可选门实例的名字、门的输出(后者用括号括起)。即[name_of_gate_instance](output_terminal)。

可选的上拉强度[pullup_strength]可以是(strength0, strength1)，也可以是(strength1, strength0)，还可以是 strength1。

下拉 pulldown 的格式为

    pulldown [pulldown_strength]   pull_gate_instance;

pull_gate_instance：下拉门实例，包括可选的门实例的名字，用括号包含门的输出，如[name_of_gate_instance](output_terminal)。

可选的下拉强度[pulldown_strength]可以是(strength0, strength1)，也可以是(strength1, strength0)，还可以是 strength0。

pullup 实际为上拉电阻，pulldown 实际为下拉电阻。

3.8 内置开关语句

Verilog HDL 提供了由 12 个开关级基元组成的集合，可将它们称为内置开关语句。内置开关语句用来描述传输门的互连，这些传输门是单个的 MOS 管(CMOS 管)的抽象。内置开关可以模拟 MOS 管(CMOS 管)的导通或不导通。

3.8.1 mos 开关

mos 开关的格式为

  mos_switchtype [delay3] mos_switch_gate_instance;

mos_switchtype：mos 开关类型，包括 nmos、pmos、rnmos、rpmos。"r"型 mos 具有更高的传导阻抗。

mos_swith_gate_instance：mos 开关门实例，包括可选门实例的名字、门的输出、输入、使能端列表，后三项用括号括起，且输出在前、输入和使能在后，由逗号隔开，如 [name_of_gate_instance] (output_terminal, input_terminal, enable_terminal)。

可选的延迟[delay3]：这里 delay3 可以是#delay_value；也可以是#(delay_value[, delay_value[, delay_value]])，括号中第一项为上升延迟，第二项为下降延迟，第三项为高阻延迟(用于 trireg 线网时，它使连线的值变为 x 的衰减时间)。可选的延迟[delay3]默认为 0。

3.8.2 cmos 开关

cmos 开关的格式为

  cmos_switchtype [delay3] cmos_switch_gate_instance;

cmos_switchtype：cmos 开关类型，包括 cmos、rcmos。

cmos_switch_gate_instance：cmos 开关门实例，包括可选门实例的名字、门的输出、输入、n 控制、p 控制端列表，后四项用括号括起，且按照输出、输入、n 控制、p 控制顺序排列，由逗号隔开，如[name_of_gate_instance](output_terminal, input_terminal, ncontrol_terminal, pcontrol_terminal)。

可选的延迟[delay3]：这里 delay3 可以是#delay_value；也可以是#(delay_value[, delay_value[, delay_value]])，括号中第一项为上升延迟，第二项为下降延迟，第三项为高阻延迟(用于 trireg 线网时，它使连线的值变为 x 的衰减时间)。可选的延迟(delay3)默认为 0。

3.8.3 pass 开关

pass 开关的格式为

  pass_switchtype pass_switch_gate_instance;

pass_switchtype：pass 开关类型，包括 tran、rtran。tran 为双向传输门，rtran 具有更高阻抗。

pass_switch_gate_instance：pass 开关门实例，包括可选的门实例的名字、门的输出输入、输出输入端列表，后二者用括号括起，由逗号隔开，如[name_of_gate_instance](inout_terminal, inout_terminal)。

3.8.4 pass_en 开关

pass_en 开关的格式为

  pass_en_switchtype [delay3] pass_en_switch_gate_instance;

pass_en_switchtype：pass_en 开关类型，包括 tranif0、tranif1、rtranif1、rtranif0。

pass_en_switch_gate_instance：pass_en 开关门实例，包括可选的门实例的名字、门的输

出输入、使能端列表，后三项用括号括起，且由逗号隔开，如[name_of_gate_ instance] (inout_terminal, inout_terminal, enable terminal)。

可选的延迟[delay3]：这里 delay3 可以是#delay_value；也可以是 #(delay_value[, delay_value[, delay_value]])，括号中第一项为上升延迟，第二项为下降延迟，第三项为高阻延迟(用于 trireg 线网时，它使连线的值变为 x 的衰减时间)。可选的延迟[delay3]默认为 0。

3.9 用户定义原语 UDP

Verilog HDL 提供了一种用户可以拓展、定义的原始的基本单元，称之为用户定义原语，简记为 UDP(User Defined Primitives)。它的结构类似于逻辑函数真值表的枚举形式。这种用户定义的基本单元是一种独立的 Verilog HDL 模块。用户定义原语后，这个 UDP 就可以像内置门语句那样作为一种实例语句使用。

3.9.1 UDP 的结构

用户定义原语 UDP 并非是由用户随心所欲地定义，而是要按一定的规矩、一定的语法结构形式去定义。

UDP 的结构形式为

  primitive UDP_identifier (udp_port_list);
    udp_port_declaration;
    udp_body;
  endprimitive

udp_port_list：UDP 的端口列表，包括 output_port_identifier、input_port_identifier{, input_port_identifier}，即输出端口名、输入端口名。

udp_port_declaration：UDP 的端口说明，包括输出说明、输入说明、寄存器说明。

udp_body：UDP 的主体，它可以是：① 组合电路主体；② 时序电路主体。

(1) 组合电路主体的结构如下：

  table
  combinational_entry{combinational_entry}
  endtable

其中，combinational_entry 为组合电路实体，以类似于逻辑函数真值表的枚举形式列出：

  level_input_list：output_symbol;

列表冒号左边为输入，右边为输出。列表以电平 1、0、X 表示输入、输出值，输入中 Z 被看做是 X，但它不能出现。允许列表中说明无关项。列表中可用符号"？"进行简写，符号"？"表示用 1、0、X 依次代替。

(2) 时序电路主体的结构如下：

  [udp_initial_statement]
  table sequential_entry{sequential_entry}
  endtable

udp_initial_statement 为可选的 UDP 初始化语句，其形式如下：
  initial udp_output_port_identifier=init_value;
在初始化语句中将 init_value 赋给 UDP 的输出端口名，这里 init_value 可以是 1，也可以是 0，还可以是 1`b0、1`b1 或 1`bx，在这里 b、B 与 x、X 同等对待。

sequential_entry 为时序电路实体，以类似于逻辑函数状态表的枚举形式列出：
  seq_input_list: current_state: next_state;
列表第一个冒号左边为输入，右边为输出现态，输出现态后冒号右边为输出次态。

seq_input_list 为时序输入列表，可以是电平输入列表，也可以是边沿输入列表。

电平输入列表可以是：0, 1, x, X,?, B, b(表示 0 或 1)。

边沿输入列表可以是：r、R(表示 01，上升沿)，f、F(表示 10，下降沿)，p、P(表示 01、0x、x1，含 x 上升沿)，n、N(表示 10、1x、x0，含 x 下降沿)，*(表示"？？"，即发生的任何变化)。

current_state 输出现态可以是：0, 1, x, X, ?, B, b(表示 0 或 1)。

next_state 输出次态可以是：0, 1, x, X, 或 –(表示无变化)。

3.9.2 UDP 的实例化应用

用户定义的 UDP 可以像内置门语句那样作为一种实例语句来使用。其格式如下：
  udp_identifier [drive_strength] [delay2] udp_instance;
udp_identifier：用户定义的 UDP 的名字。

[drive_strength]：驱动强度，它是可选的，用于指明输出的电气特性即驱动能力。

[delay2]：延迟，它是可选的。这里 delay2 可以是#delay_value；也可以是#(delay_value[, delay_value])，括号中第一项为上升延迟，第二项为下降延迟。可选的延迟[delay2]默认为 0。

udp_instance：用户定义的 UDP 实例，包括可选的 UDP 实例的名字、输出端口连接、输入端口连接。后两项用括号括起，如[name_of_udp_instance] (output_port_connection, input_port_connection{, input_port_connection})。

3.9.3 组合电路 UDP 举例

下面通过 2 选 1 多路选择器说明组合电路 UDP 的定义。

```
primitive MUX2x1(Y, A, B, S);
output Y;
input A, B, S;
table
    //A   B   S   :   Y
     0   0   1   :   0;
     0   1   1   :   0;
     1   0   1   :   1;
     1   1   1   :   1;
     0   0   0   :   0;
     0   1   0   :   1;
```

```
        1   0   0   :   0;
        1   1   0   :   1;
    endtable
endprimitive
```

当输入 S=1 时，选择 A，输出 Y 随 A 变化；当输入 S=0 时，选择 B，输出 Y 随 B 变化。输入端口的次序必须与表中各项的次序匹配，即表中的第一列对应于 UDP 原语端口队列的第一个输入 A，第二列对应于 UDP 原语端口队列的第二个输入 B，第三列对应于 UDP 原语端口队列的第三个输入 S。

下面通过 4 选 1 多路选择器说明组合电路 UDP 的实例化应用。

2 选 1 多路选择器被定义成一个名为 MUX2x1 的 UDP 后，就可以像内置门语句那样作为一种实例语句使用。例如，由名为 MUX2x1 的 UDP 组成 MUX4x1 多路选择器：

```
`timescale   1ns/1ns
module   MUX4x1(Y3, A, B, C, D, S);
input   A, B, C, D;
input   [1:0] S;
output   Y3;
parameter T1=1, T2=2;
MUX2x1   #(T1, T2)
(Y1, A, B, S[0]),
(Y2, C, D, S[0]),
(Y3, Y1, Y2, S[1]);
endmodule
```

其中：parameter T1=1, T2=2 为参数说明；#(T1, T2)括号中第一项为上升延迟，第二项为下降延迟。编译指令`timescale 将模块中所有时延的单位设置为 1 ns，时间精度设置为 1 ns。

3.9.4 时序电路 UDP 举例

UDP 可以用来描述具有电平敏感和边沿敏感特性的时序电路，时序电路 UDP 使用寄存器当前值和输入值决定寄存器的下一状态(和后继的输出)。时序电路 UDP 比组合电路拥有的组合更多，要定义的边沿组合通常较多。如果边沿组合不作任何说明，输出就会变成未知量(X)。为了避免这种不确定性，就要注意对电平和边沿组合进行全部描述。

1. 状态寄存器的初始化

时序电路 UDP 具有内部状态，内部状态要通过状态寄存器实现。

时序电路 UDP 的状态寄存器初始化可以使用带有一条过程赋值语句的初始化语句来完成，形式如下：

    initial udp_output_port_identifier=init_value;

在初始化语句中将 init_value 赋给 UDP 的输出端口名，这里 init_value 可以是 1、0、1'b0、1'b1 或 1'bx，在这里 b、B 与 x、X 同等对待。

可选的初始化语句应放在 UDP 定义中。

2. 电平敏感的时序电路 UDP 举例

下面是 D 锁存器的 UDP 示例。锁存器是电平敏感的，即由电平信号控制，其数据会保持一段时间，直到解锁。对于如下电平敏感的 D 锁存器 UDP，只要时钟为电平 1，数据就从输入传递到输出；否则输出值被锁存。

```
primitive Latch(Q, Clk, D);
    output Q;
    reg Q;
    input Clk, D;
    table
//   Clk      D  :  Q(current_state)  :  Q(next_state)
      1       1  :       ?            :      1    ;
      1       0  :       ?            :      0    ;
      0       ?  :       ?            :      -    ;
    endtable
endprimitive
```

"–"字符表示值"没有任何变化"。

3. 边沿敏感的时序电路 UDP 举例

下面是一个边沿敏感的触发器 UDP 示例。寄存器是边沿敏感的，即由时钟边沿信号控制，其数据是暂存的。与电平敏感的 D 锁存器 UDP 不同的是，寄存器列表必须在 D 端数据输入时说明一个上升沿或下降沿。初始化语句放在 UDP 定义中。

```
primitive DEdgeFF(Q, Clk, D);
    output Q;
    reg Q;
    input D, Clk;
    initial Q=0;
    table
//   Clk      D  :  Q(current_state)  :  Q(next_state)
     (10)     0  :       ?            :      0;
     (10)     1  :       ?            :      1;
     (1x)     1  :       1            :      1;
     (1x)     0  :       0            :      0;
//时钟上升沿变化，输入数据变化，输出无变化：
     (?1)     ?  :       ?            :      -;
//时钟稳定时，输入数据变化，输出无变化：
      ?      (??) :      ?            :      -;
    endtable
endprimitive
```

列表中(10)表示从 1 转换(变化)到 0，产生一个下降沿；(1x)表示从 1 转换到 x；(?1)表示从任意值(0,1或x)转换到1;(??)表示任意转换。最后一行说明如果clk稳定在0、1或x,并且输入数据发生任意变化,则输出不会变化。对任意未定义的转换,输出缺省值为x。

下面通过6位寄存器说明时序电路UDP的实例化应用。

通常由多个边沿敏感的触发器构成寄存器。定义了一个边沿敏感的触发器UDP以后,就可以像内置门语句那样作为一种实例语句使用。例如,由名为DEDgeFF的UDP组成6位寄存器:

```
module Reg6(Clk, Din, Dout);
input Clk;
input [0:5]Din;
output [0:5]Dout;
DEdgeFF
Reg0(Dout[0], Clk, Din[0]),
Reg1(Dout[1], Clk, Din[1]),
Reg2(Dout[2], Clk, Din[2]),
Reg3(Dout[3], Clk, Din[3]),
Reg4(Dout[4], Clk, Din[4]),
Reg5(Dout[5], Clk, Din[5]);
endmodule
```

4. 电平敏感和边沿敏感混合的时序电路UDP举例

在同一个时序电路UDP中,电平敏感和边沿敏感混合是常见的现象。当电平敏感和边沿敏感列表的输入之间发生冲突时,它的次态输出以电平敏感列表为准。

下面是一个带异步置0、异步置1的时钟上升沿敏感D触发器的UDP示例,置0(clear)与置1(preset)是电平敏感的。

```
primitive D_7474_FF(q, clk, d, clear, preset);
    output  q;
    reg  q;
    input  clk, d, clear, preset;
    table
//clk      d      clear    preset    : q(current_state)    : q(next_state)
//preset
    ?      ?      1        0         : ?                   : 1;
    ?      ?      1        *         : 1                   : 1;
//clear
    ?      ?      0        1         : ?                   : 0;
    ?      ?      *        1         : 0                   : 0;
//normal clocking cases
    r      0      1        1         : ?                   : 0;
    r      1      1        1         : ?                   : 1;
```

```
        f     ?    1    1    :    ?    :    −;
//cases reducing pessimism(减少不确定性情况)
        b     ?    1    1    :    ?    :    −;
        *     ?    0    0    :    ?    :    1;
```

endtable
endprimitive

在用户定义原语 UDP 的列表中，如果内容较多，则可以采用边沿条件的 Verilog HDL 速记符号，以便减少工作量：

符号	含义	备注
?	0、1、x	不能用于输出
b	0、1	不能用于输出
−	不变化	只能用于输出
*	(??)	输入的任何变化
r	(01)	输入的上升沿
f	(10)	输入的下降沿
p	(01)、(0x)、(x1)	含 x 的正沿
n	(10)、(1x)、(x0)	含 x 的负沿

3.10 force 强迫赋值语句

类似于进程连续赋值语句，可使用 force 强迫赋值语句对线网和寄存器类型变量实行强制赋值。该语句常用于调试。

该语句的语法如下：

```
{either}                          //两种任取其一
force NetLValue=Expression; force 线网参数值=表达式；
force RegisterLValue=Expression;force 寄存器值=表达式；
{either}                          //两种任取其一
release NetLValue; release 线网参数值；
release RegisterLValue; release 寄存器值
NetLValue={either}线网参数值={两种任取其一}
        NetName 线网变量名
{NetName, …}                      //线网变量名
RegisterLValue={either}寄存器值={两种任取其一}
RegisterName 寄存器变量名
{Registername, …}                 //寄存器变量名
```

强迫赋值语句在程序中的位置，可参照说明语句。
注意：

(1) 不能对线网变量或寄存器变量的某位或某些位实行强制赋值或释放。force 具有比进程连续赋值语句更高的优先级。force 将会一直发挥作用直到另一个 force 对同一线网变量或寄存器变量执行强迫赋值，或者直到这个线网变量或寄存器变量被释放。

(2) 当作用在某一寄存器上的 force 被释放时，寄存器并无必要立刻改变其值。如果此时没有进程连续赋值对这个寄存器赋值，则强制赋入的值会一直保留到下一个进程赋值语句的执行。

(3) 当作用在某个线网变量上的 force 被释放时，该线网变量的值将由它的驱动决定，其值有可能会立刻更新。

force 强迫赋值语句常用于测试文件的编写，调试时常需要强制对某些变量赋值，但不能用于模块的行为建模(此时应使用连续赋值语句)。

例如：
  force Y = a + b;
  ⋮
    release Y;   //释放 Y 值

3.11 specify 延迟说明块

specify 延迟说明块专门用于说明用户设计的模块的输入与输出之间的延迟。

specify 延迟说明块既可用于行为描述模块中，也可用于结构描述模块内。specify 延迟说明块是模块内部一个独立的结构成分，它与过程块、连续赋值语句、任务和函数定义、模块和基元调用语句是并行的。

在 specify 延迟说明块内可实现：对一些延迟参数进行定义(specparam 语句)；对模块输入和输出之间的信号延迟进行说明；借助时序检验系统任务对模块输入和输出时序进行检验。

specify 延迟说明块的格式如下：
  Specify [specify_item] endspecify

specify_item 可以是延迟参数说明 specparam_declaration(如：延迟参数 1 = 参数值 1，延迟参数 2 = 参数值 2……)；也可以是路径说明 path_declaration；还可以是时序检验系统 system_timing_check。

specify 延迟说明块的详细应用可参考相关文献资料。

3.12 关于 Verilog-2001 新增的一些特性

Verilog-2001 在 Verilog-1995 标准中新增了产生语句、多维数组、更友好的文件 I/O、更友好的配置控制、递归函数和任务等特性。

1. generate 产生语句

generate 循环中，允许产生模块 module 和原语 primitive 的多个实例化，可以产生多个 variable、net、task、function、continous assignment、initial 和 always。在 generate 语句中可

以引入 if-else 和 case 语句以及 for 语句(引入 for 语句时，for(…；…；…)后必须有 begin…end，且 begin 前必须给该过程起个名字)，根据条件不同产生不同的实例化。

generate 语句还增加了 generate、endgenerate、genvar、localparam 关键字。其中 genvar 为新增数据类型，用来存储正的 integer。在 generate 语句中使用的索引(指针)index 必须定义成 genvar 类型。localparam 与 parameter 有些类似，不过其不能通过重新定义改变值。

2．constant function 常量函数

constant function 的定义与普通的 function 一样，不过 constant function 只允许操作常量。

3．indexed vector part select 标示向量的部分选择

在 Verilog—1995 中，可以选择向量的任一位输出，也可以选择向量的连续几位输出，连续几位的始末数值的索引(指针)index 必须是常量。而在 Verilog-2001 中，可以用变量作为标示(指针)index，进行部分选择 part select。

4．多维数组

Verilog-1995 只允许一维数组，而 Verilog-2001 允许多维数组。

在 Verilog-1995 中，不能从一维数组中取出其中的一位，而在 Verilog-2001 中，可以任意取出多维数组中的一位或连续几位。

5．符号运算

在 Verilog-1995 中，integer 数据类型为有符号类型，而 reg 和 wire 类型为无符号类型，而且 integer 大小固定，即为 32 位数据。在 Verilog-2001 中对符号运算进行了如下扩展：

reg 和 wire 变量可以定义为有符号类型；函数返回类型可以定义为有符号类型；带有基数的整数也可以定义为有符号数；在基数符号前加入 s 符号；操作数可以在无符号和有符号之间转变，通过系统函数$signed 和$unsigned 实现。

此外，Verilog-2001 中增加了算术移位操作，而在 Verilog-1995 中只有逻辑移位操作。

6．指数运算

Verilog-2001 中增加了指数运算操作，操作符为 **。

7．递归函数和任务

在 Verilog-2001 中增加了一个新的关键字：automatic。该关键字可以让任务或函数在运行中重新调用该任务和函数。

8．组合逻辑敏感信号列表组合符@*

在组合逻辑设计中，需要在敏感信号列表中包含所有组合逻辑输入信号，以免产生锁存器。在大型的组合逻辑中比较容易遗忘一些敏感信号，因此在 Verilog-2001 中可以使用 @* 包含所有的输入信号作为敏感信号。

9．使用逗号隔开敏感信号

Verilog-2001 中可以用逗号来代替 or 隔开敏感信号。

10．位宽自动扩展超过 32 位

Verilog-1995 中，在不指定基数的情况下为大于 32 位的变量赋高阻值，只能使其低 32 位被设置为高阻值，其他高位被设置为 0，此时需要指定基数值才能将高位赋值为高阻；

而在 Verilog-2001 中并没有这一限制。

11．端口及数据类型声明可组合
在 Verilog-1995 中，端口定义和数据类型声明需要在两条语句中执行，而在 Verilog-2001 中可以将其组合在一起。

12．ANSI-C 风格端口声明
ANSI 格式是 American National Standards Institute(美国国家标准协[学]会)制定的标准。Verilog-2001 ANSI 格式在声明端口的同时并声明其数据类型，形式更加简洁。

13．声明 reg 并初始化
在 Verilog-1995 中声明和初始化 reg 需要两条语句，而在 Verilog-2001 中可以合并成一条语句。

14．local parameters 局部参数
在 Verilog-2001 中可以设置局部参数。

15．Parameter passing by name (explicit & implicit)参数传递
在 Verilog-2001 中可以通过名称传递(显式和隐式)参数。

16．attributes 属性
在 Verilog-2001 中可以使用(*   *)句法定义合法属性。

17．线网声明
在过去 Verilog-1995 中需要线网声明的地方，在 Verilog-2001 中可以省略。

18．`ifndef & `elsif
在 Verilog-2001 中用`ifndef 代替 Verilog-1995 中的`ifdef/ `else/ `endif。

19．`default_nettype none
Verilog-2001 标准对`default_nettype 编译指令增加了一个新的选项，称为"none"，如果选择了"none"，则所有 1 bit 线网必须声明。

3.13 关于 Verilog-2005

Verilog-2005 在 Verilog-2001、Verilog-1995 标准中作了进一步的归纳，对一些细节给出了进一步的说明。

随着 IEEE 标准 1364-2001 的完成，在大的 Verilog 团体中后续的工作集中在语言问题以及可能的改进思路。当 2001 年 Accellera 组织开始专注于规范 SystemVerilog 的标准化时，又补充了其他问题中有可能导致 SystemVerilog 和 Verilog 1346 的相互之间不兼容。IEEE P1364 工作小组是作为 SystemVerilog P1800 的附属委员会而建立，以帮助确保此类问题解决的一致性。这种协作的结果就是此标准，即 IEEE Std 1364-2005。

详细的 Verilog-2005，可阅读 IEEE Standard for Verilog 2005、IEEE Standard for Verilog® Hardware Description Language、IEEE Computer Society、Sponsored by the Design Automation

Standards Committee。

思考与习题

1．通常赋值语句可分为哪两种？它们有何不同？
2．阻塞赋值语句和非阻塞赋值语句有何不同？
3．在顺序块语句 begin…end 之间能否使用连续赋值语句？
4．if 语句中的所给条件(condition)通常为逻辑关系表达式或关系表达式。逻辑关系表达式使用哪些操作符来连接？
5．在什么情况下使用 case 语句？需要注意哪些问题？
6．通常结构说明语句包括哪两种？它们有何异同点？
7．行为描述的标志是什么？always statement 的 statement 结构形式有哪些？
8．Verilog HDL 提供了多少个门级基元组成的集合？可将它们称之为什么语句？它们构成的基本单元可通过什么类型连接？
9．Verilog HDL 提供了多少个开关级基元组成的集合？可将它们称之为什么语句？它们可以模拟什么？
10．Verilog HDL 提供了一种用户可以拓展、定义的原始的基本单元，可称之为什么？简记为什么？它的结构类似于什么形式？

第 4 章　组合电路设计

本章介绍用 Verilog HDL 进行简单组合数字电路和复杂组合数字电路的设计。

组合数字电路的功能特点是：电路在任何时刻的输出状态只取决于该时刻的输入状态，与电路的原有状态无关。

组合数字电路的结构特点是：电路由逻辑门构成，没有记忆单元，没有反馈回路，只有从输入到输出的通路。

4.1　简单组合电路设计

简单组合电路功能较少，结构简单。用 Verilog HDL 对其设计、建模时，可根据实际情况和给定的条件，灵活选用第 1 章介绍的描述方式。

4.1.1　表决电路

用 Verilog HDL 设计一个少数服从多数的三人表决电路的源文件，最少两人同意时结果才通过，否则结果将被否定。

设输入变量 A、B、C 分别代表三个人，输出变量 Y 表示表决结果，同意为 1，不同意为 0，通过为 1，否定为 0。

方法 1　数据流描述

列出表决电路真值表，如表 4.1 所示。

表 4.1　表决电路真值表

A	B	C	Y
0	0	0	0
0	0	1	0
0	1	0	0
0	1	1	1
1	0	0	0
1	0	1	1
1	1	0	1
1	1	1	1

根据真值表写出输出逻辑表达式并化简得

$$Y = AB + AC + BC$$

函数表达式已知，可直接依据表达式用 Verilog HDL 设计源文件：

```
module bjd1(A, B, C, Y);
input   A, B, C;
output  Y;
wire d0, d1, d2;
assign d0 = A&B;
assign d1 = A&C;
assign d2 = B&C;
assign Y = (d0|d1)|d2;
endmodule
```

方法2　结构化描述

根据真值表写出输出逻辑表达式并化简得

$$Y = AB + AC + BC$$

函数表达式已知，可直接依据表达式用 Verilog HDL 设计源文件：

```
module bjd1(A, B, C, Y);
input   A, B, C;
output  Y;
wire d0, d1, d2;
and
    (d0, A, B),
    (d1, A, C),
    (d2, B, C);
or
    (Y, d0, d1, d2);
endmodule
```

方法3　行为描述

用行为描述设计可有更多的方案，其中思路之一是根据真值表写出输出关系式：

　　if A+B+C>=2, Y=1, else Y=0

依据关系式用 Verilog HDL 设计源文件：

```
module bjd1(A, B, C, Y);
input   A, B, C;
output Y;
reg Y;
always @(A or B or C)
begin
if (A+B+C>=2)Y=1;
else Y=0;
end
endmodule
```

4.1.2 码制转换电路

用 Verilog HDL 设计一个将 8421BCD 码转换为余 3 码的码制转换电路的源文件。

该电路输入为 8421BCD 码,输出为余 3 码,因此它是一个四输入、四输出的码制转换电路。依据这两种码制转换关系,可列出真值表(如表 4.2 所示)。

表 4.2 两种码制转换关系真值表

A	B	C	D	E3	E2	E1	E0
0	0	0	0	0	0	1	1
0	0	0	1	0	1	0	0
0	0	1	0	0	1	0	1
0	0	1	1	0	1	1	0
0	1	0	0	0	1	1	1
0	1	0	1	1	0	0	0
0	1	1	0	1	0	0	1
0	1	1	1	1	0	1	0
1	0	0	0	1	0	1	1
1	0	0	1	1	1	0	0
1	0	1	0	×	×	×	×
1	0	1	1	×	×	×	×
1	1	0	0	×	×	×	×
1	1	0	1	×	×	×	×
1	1	1	0	×	×	×	×
1	1	1	1	×	×	×	×

考虑到 8421BCD 码不会出现 1010~1111 这六种状态,因此把它们视为无关项处理。

设输入变量 A、B、C、D 分别代表 8421BCD 码,输出变量 E3、E2、E1、E0 表示余 3 码。

方法 1 数据流描述

根据真值表写出输出逻辑表达式并化简得

$$E3 = A + BC + BD$$
$$E2 = B \oplus (C + D)$$
$$E1 = C \odot D$$
$$E0 = \overline{D}$$

函数表达式已知,可直接依据表达式用 Verilog HDL 设计源文件:

```
module mzhd1(A, B, C, D, E3, E2, E1, E0);
    input   A, B, C, D;
    output  E3, E2, E1, E0;
    assign  E3=A|(B&C)|(B&D);
```

```
assign E2=B^(C|D);

assign E1=C^~D;
assign E0=~D;
endmodule
```

方法 2 结构化描述

根据真值表写出输出逻辑表达式并化简得

$$E3 = A + BC + BD$$
$$E2 = B \oplus (C + D)$$
$$E1 = C \odot D$$
$$E0 = \overline{D}$$

函数表达式已知,可直接依据表达式用 Verilog HDL 设计源文件:

```
module mzhd1(A, B, C, D, E3, E2, E1, E0);
input    A, B, C, D;
output E3, E2, E1, E0;
and      (x1, B, C),
         (x2, B, D);
or       (E3, A, x1, x2),
         (x3, C, D);
xor      (E2, B, x3);
xnor     (E1, C, D);
not      (E0, D);
endmodule
```

方法 3 行为描述

用行为描述设计可有更多的方案,其中思路之一是依据这两种码制转换关系,直接用 Verilog HDL 设计源文件:

```
module mzhd1(A, B, C, D, E3, E2, E1, E0);
input    A, B, C, D;
output E3, E2, E1, E0;
reg E3, E2, E1, E0;
always @(A or B or C or D)
begin                              //begin…end 顺序过程
case({A, B, C, D})
4'd0:{E3, E2, E1, E0}=3'd3;        //因有{A, B, C, D}4 个关联,故设为 4'
4'd1:{E3, E2, E1, E0}=3'd4;
4'd2:{E3, E2, E1, E0}=3'd5;
4'd3:{E3, E2, E1, E0}=3'd6;
4'd4:{E3, E2, E1, E0}=3'd7;
4'd5:{E3, E2, E1, E0}=3'd8;
```

```
4'd6:{E3, E2, E1, E0}=3'd9;
4'd7:{E3, E2, E1, E0}=3'd10;
4'd8:{E3, E2, E1, E0}=3'd11;
4'd9:{E3, E2, E1, E0}=3'd12;
default: {E3, E2, E1, E0}=4'bx;        //不能设为 3'dx，因 x 是二进制任意数值
endcase
end

endmodule
```

4.1.3 比较器

用 Verilog HDL 设计一个一位比较器的源文件。

该比较器电路输入为 A、B，输出为 $F_{A>B}$、$F_{A=B}$、$F_{A<B}$，因此它是一个二输入、三输出的电路。依据一位比较器关系，可列出真值表(如表 4.3 所示)。

表 4.3 一位比较器真值表

A	B	$F_{A>B}$	$F_{A=B}$	$F_{A<B}$
0	0	0	1	0
0	1	0	0	1
1	0	1	0	0
1	1	0	1	0

方法 1 数据流描述

根据真值表写出输出逻辑表达式：

$$F_{A>B} = A\overline{B}$$

$$F_{A=B} = \overline{A}\,\overline{B} + AB$$

$$F_{A<B} = \overline{A}B$$

函数表达式已知，可直接依据表达式用 Verilog HDL 设计源文件：

```
module bjd1(A, B, F_A>B, F_A=B, F_A<B);
input A, B;
output  F_A>B, F_A=B, F_A<B;
assign  F_A>B=A&~B;
assign  F_A=B=~A&~B|(A&B);
assign  F_A<B=~A&B;
endmodule   // $F_{A>B}$、$F_{A=B}$、$F_{A<B}$ 这样的写法综合时不认可，会被当成 FA>B, FA=B, FA<B 而出错
```

正确的比较器电路源文件为

```
module   bjd1(A, B, FA, FAB, FB);
```

```
    input   A, B;
    output  FA, FAB, FB;
    assign  FA=A&~B;
    assign  FAB=~A&~B|(A&B);
    assign  FB=~A&B;
    endmodule
```

方法 2 结构化描述

函数表达式已知，可直接依据表达式用 Verilog HDL 设计源文件：

```
    module bjd1(A, B, FA, FAB, FB);
    input   A, B;
    output  FA, FAB, FB;
        wire X1, X2;
    not   (X1, A),
          (X2, B);
    and   (FA, A, X2),
          (FB, X1, B);
          (X4, A, B),
          (X3, X1, X2);
    or    (FAB, X3, X4);
    endmodule
```

方法 3 行为描述

用行为描述设计可有更多的方案。其中思路之一是依据比较器关系，直接用 Verilog HDL 设计源文件：

```
    module bjd1(A, B, FA, FAB, FB);
    input   A, B;
    output  FA, FAB, FB;
    reg     FA, FAB, FB;
    always@(A or B)
    begin
    FA=0;
    FAB=0;
    FB=0;
    if (A==B)FAB=1;
    if (A>B)FA=1;
    else FB=1;
    end
    endmodule                //该模块中 if 语句使用不当，结果出错
```

正确的比较器电路源文件为

```
    module bjd1(A, B, FA, FAB, FB);
```

```
input    A, B;
output   FA, FAB, FB;
reg      FA, FAB, FB;
always@(A or B)
begin
FA=0;
FAB=0;
FB=0;
if (A==B)FAB=1;
else if (A>B)FA=1;
else FB=1;
end
endmodule
```

4.1.4 译码器

用 Verilog HDL 设计一个 2 线-4 线译码器源文件。

该译码器电路输入为 A0、A1，E 为使能输入端，高电平有效，输出为 $\overline{Y0}$、$\overline{Y1}$、$\overline{Y2}$、$\overline{Y3}$，因此它是一个三输入、四输出的电路。依据 2 线-4 线译码器关系，可列出功能表(如表 4.4 所示)。

表 4.4 2 线-4 线译码器功能表

E	A1	A0	$\overline{Y}0$	$\overline{Y}1$	$\overline{Y}2$	$\overline{Y}3$
0	X	X	1	1	1	1
1	0	0	0	1	1	1
1	0	1	1	0	1	1
1	1	0	1	1	0	1
1	1	1	1	1	1	0

方法 1   数据流描述

根据功能表可得输出函数 $\overline{Y0}=\overline{E\overline{A1}\overline{A0}}$，$\overline{Y1}=\overline{E\overline{A1}A0}$，$\overline{Y2}=\overline{EA1\overline{A0}}$，$\overline{Y3}=\overline{EA1A0}$。下面给出了用数据流描述方式设计的译码器电路的源文件。

用 y0、y1、y2、y3 分别代表 $\overline{Y0}$、$\overline{Y1}$、$\overline{Y2}$、$\overline{Y3}$。

```
module ymd1(A1, A0, E, y0, y1, y2, y3);
    input    A1, A0, E;
    output   y0, y1 y2, y3;
    assign   y0=~(E&~A1&~A0);
    assign   y1=~(E&~A1&A0);
    assign   y2=~(E&A1&~A0);
    assign   y3=~(E&A1&A0);
endmodule
```

方法 2 结构化描述

下面给出了用结构化描述方式设计的译码器电路的源文件：

```
module ymd1(A1, A0, E, y0, y1, y2, y3);
input    A1, A0, E;
output   y0, y1 y2, y3;
not      (x1, A1),
         (x0, A0);
nand     (y0, E, x1, x0),
         (y1, E, x1, A0),
         (y2, E, A1, x0),
         (y3, E, A1, A0);
endmodule
```

方法 3 行为描述

用行为描述设计可有更多的方案。其中思路之一是依据译码器功能表，直接用 Verilog HDL 设计源文件：

```
module ymd1(A1, A0, E, y0, y1, y2, y3);
input    A1, A0, E;
output   y0, y1 y2, y3;
reg  y0, y1, y2, y3;
always @(A1 or A0 or E)
begin
y0=0; y1=0; y2=0 y3=0;
if(E&A1&A0==100)y0=0; y1=1; y2=1; y3=1;
if(E&A1&A0==101)y1=0; y0=1; y2=1; y3=1;
if(E&A1&A0==110)y2=0; y0=1; y1=1; y3=1;
if(E&A1&A0==111)y3=0; y0=1; y1=1; y2=1;
end
endmodule                       //提示输入 A1、A0、E 未被使用，仿真未通过
```

重新编写代码：

```
module ymd1(A1, A0, E, y0, y1, y2, y3);
input    A1, A0, E;
output   y0, y1 y2, y3;
reg   y0, y1, y2, y3;
always @(E or A1 or A0)
begin
case({E, A1, A0})
3'd4:{y0, y1, y2, y3}=4'd7;        /*设置为 3'd7，synplify 综合通过，但仿真 y0 出错，改为 4'd7 后，仿真 y0 正确*/
```

```
            3'd5:{y0, y1, y2, y3}=4'd11;
            3'd6:{y0, y1, y2, y3}=4'd13;
            3'd7:{y0, y1, y2, y3}=4'd14;
            3'd0:{y0, y1, y2, y3}=4'd15;
            3'd1:{y0, y1, y2, y3}=4'd15;
            3'd2:{y0, y1, y2, y3}=4'd15;
            3'd3:{y0, y1, y2, y3}=4'd15;

            default:{y0, y1, y2, y3}=4'bx;
        endcase
    end
endmodule
```

仿真波形如图 4.1 所示。

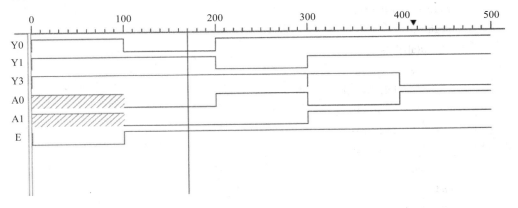

图 4.1 仿真波形

4.2 复杂组合电路设计

用 Verilog HDL 设计一个复杂组合电路时，首先要根据设计要求创建行为模型。

为一个模块创建行为模型就是对这个模块如何工作的一种抽象表示。这种抽象只有通过反复思考、多向对比、由此及彼、不断完善才能最终被正确实现。对于大型数字电路与系统，先要做好顶层设计，然后再分别完成各个环节。

always 语句是创建行为模型的基础。always 语句本质上是一个 "while(TRUE)" 语句，其中包含了一个或多个反复执行的 "begin…end" 过程语句。复杂组合电路设计的过程实际上就通过不断实践、灵活运用 always 等语句的过程。

4.2.1 多位比较器

(1) 任务：设计一个 16 位数字比较器。
(2) 要求：对 A15～A0 与 B15～B0 进行比较，分别输出：C1(A>B)、C2(A=B)、C3(A<B)。

用 Verilog HDL 设计的源文件如下:

```verilog
module comparer16(a, b, c1, c2, c3);
input[15:0]a, b;
output c1, c2, c3;
reg c1, c2, c3;
integer i;

always@(a or b)
begin
    c1=0;
    c2=0;
    c3=0;
    //synthesis loop_limit 800
    for(i=15; i>=0; i=i-1)
    begin
        if(a[i]!=b[i])
        begin
            if(a[i]&&!c1)
                c3=1;
            else if(!c3)
                c1=1;
        end
    end
    if(!c3&&!c1)
        c2=1;
end

endmodule
```

下面介绍设计 16 位数字比较器的另一种思路。

用 Verilog HDL 设计的源文件如下:

```verilog
module compare (A, B, C1, C2, C3);
input [15:0] A, B;
output C1, C2, C3;
assign C1=(A>B)?1:0;        //A > B 时,C1 输出为 1; A≤B 时,C1 输出为 0
assign C2=(A==B)?1:0;
assign C3=(A<B)?1:0;

endmodule
```

在 ModelSim 的仿真中得到的验证结果如图 4.2 所示。

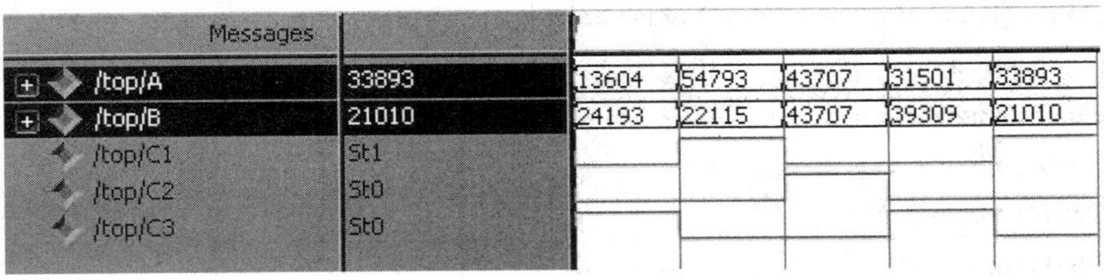

第 4 章 组合电路设计

Messages						
/top/A	33893	13604	54793	43707	31501	33893
/top/B	21010	24193	22115	43707	39309	21010
/top/C1	St1					
/top/C2	St0					
/top/C3	St0					

图 4.2 仿真结果

4.2.2 多人表决器

(1) 任务：设计一个 15 人投票表决器。
(2) 要求：若超过 8 人以上赞成，则通过。
用 Verilog HDL 设计的源文件如下：

```
module bj15(pass, bj);
output pass;
input [14:0] bj;
reg [3:0] result;
integer i;
reg pass;
always @(bj)
begin
result=0;
for (i=0; i<=14; i=i+1)              //for 语句
if (bj[i]) result=result+1;
if (result [3]) pass=1;              //若超过 8 人赞成，则 pass=1
else pass=0;
end
endmodule
```

4.2.3 8 选 1 数据选择器

(1) 任务：设计一个 8 选 1 数据选择器。
(2) 要求：8 个数据输入端，也称数据通道；3 个地址输入端，或称选择输入端；1 个输出端。在地址输入的控制下从 8 个数据中选择一路输出。
用 Verilog HDL 设计的源文件如下：

```
module mux8_1 (out, in0, in1, in2, in3, in4, in5, in6, in7, sel);
output out;
input in0, in1, in2, in3, in4, in5, in6, in7;
input [2:0] sel;
reg out;
```

```
always @( in0 or in1 or in2 or in3 or in4 or in5 or in6 or in7 or sel)    // 敏感信号列表
    case(sel)
3'b000: out=in0;
3'b001: out=in1;
3'b010: out=in2;
3'b011: out=in3;
3'b100: out=in4;
3'b101: out=in5;
3'b110: out=in6;
3'b111: out=in7;
default: out=3'bx;
    endcase
endmodule
```

4.2.4 一位全加(减)器

(1) 任务：用数据流描述方式对如图4.3所示的一位全加(减)器电路进行建模(编写源文件)。

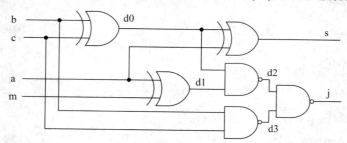

图 4.3 一位全加(减)器电路

(2) 要求：该一位全加(减)器的输入为 a、b、c 和 m(当控制端 m=0 时，电路实现加法运算；m=1 时，电路实现减法运算)，输出 s 代表和或差，j 代表向高位进位或借位，c 代表向低位进位或借位。其真值表如表 4.5 所示，左半部分为全加，右半部分为全减。

表 4.5 一位全加(减)器真值表

m	a	b	c	s	j	m	a	b	c	s	j
0	0	0	0	0	0	1	0	0	0	0	0
0	0	0	1	1	0	1	0	0	1	1	1
0	0	1	0	1	0	1	0	1	0	1	1
0	0	1	1	0	1	1	0	1	1	0	1
0	1	0	0	1	0	1	1	0	0	1	0
0	1	0	1	0	1	1	1	0	1	0	0
0	1	1	0	0	1	1	1	1	0	0	0
0	1	1	1	1	1	1	1	1	1	1	1

下面给出了用数据流描述方式对图 4.3 所示一位全加(减)器电路编写的源文件。

```
module ywqjjq(s, j, a, b, c, m);
    input a, b, c, m;
    output s, j;
    wire d0, d1, d2, d3;
    assign d0=c^b;
    assign s=d0^a;
    assign d1=a^m;
    assign d2=~(d0&d1);
    assign d3=~(b&c);
    assign j=~(d2&d3);
endmodule
```

上述模块中，线网类型连线(wire)声明了 4 个连线型变量 d0、d1、d2、d3(连线型类型是线网类型的一种)，模块中包含了 6 个连续赋值语句。

4.2.5 4 位减法、加法器

(1) 任务：设计带借位、进位的 4 位二进制减法、加法器。

(2) 要求：要考虑借位、进位。

思路 1 a、b 为执行加减法的数据，减法时 a 为被减法；c 为计算结果；F 为功能控制端口，为高电平时作加法运算，低电平时作减法运算；ac 为加法进位端；mc 为减法借位端。

用 Verilog HDL 设计的源文件如下：

```
module add_min4(a, b, c, F, ac, mc);
    input [3:0] a, b;
    input F;
    output [3:0] c;
    output ac, mc;
    reg ac, mc;
    reg [3:0] c;
    always @(a or b or F)
    begin
        if (F= =1'b1)
            begin
                {ac, c}=a+b;
                mc=1'b0;
            end
        else
            begin
                ac=1'b0;
                if (a>b)
                    begin
```

```
                mc=0;
                c=a-b;
            end
        else
            begin
                mc=1;
                c=a-b;
            end
    end
end
endmodule
```

思路 2 分析题目发现，减法器和加法器的差别其实并不大，因此，CPU 中的 ALU 单元将加法器和减法器算法部分共享，以便节约资源。

用 Verilog HDL 设计的源文件如下：

```
module add_sub(a, b, ope, ans, ovf_unf);
input [3:0] a, b;
input ope;
output [3:0] ans;
output ovf_unf;
assign {ovf_unf, ans}=ope? (a+b):(a-b);
endmodule
```

有上下溢出时 ovf_unf 输出高电平。

思路 3 利用 Verilog 的算术操作符 "+"、"−" 及关联符(或叫拼接符) "{ , }" 进行设计。关联符用于表示值的相互关系。

用 Verilog HDL 设计的源文件如下：

```
module add_reduce(a, b, opt, add_cout, reduce_cout, out);

input [3:0] a, b;
input opt;
output [3:0] out;
output add_cout, reduce_cout;
reg add_cout, reduce_cout;
reg [3:0] out;

always @(a or b or opt)
    begin
        if(opt)
            {add_cout, out}=a+b;
        else
```

```
            {reduce_cout, out}=a-b;
        end
    endmodule
```

思路 4 利用 Verilog 的条件操作符"？："进行设计。

用 Verilog HDL 设计的源文件如下：

```
    module add_dec (a, b, cin, opt, result, cout);
    input [3:0] a, b;
    input cin, opt;
    output [3:0] result;
    output cout;

    assign {cout, result}=(opt==1'b1)? (a+b+cin):(a-b-cin);
    endmodule
```

加、减法在同一个程序中实现时，需要一个简单的选择端来选择实现加法或减法。

4.2.6 3 位、8 位二进制乘法器设计

任务：分别用不同的思路设计一个 3 位、8 位二进制乘法器。

1. 用条件操作符"？："设计 3 位二进制乘法器

```
    module multi3(a, b, c);
    input [2:0] a;
    input [2:0] b;
    output [5:0] c;
    wire[5:0] r0,r1,r2;
    assign r0=b[0]?a:0;            //r0=b[0]为真，即 r0=b[0]=1 吗？是 1，r0= a，否则 r0=0
    assign r1=b[1]?(a<<1):0;       /*r1=b[1]为真，即 r1=b[1]=1 吗？是 1，a 左移 1 位，赋给 r1，
                                     否则 r0=0*/
    assign r2=b[2]?(a<<2):0;       /*r2=b[2]为真，即 r2=b[2]=1 吗？是 1，a 左移 2 位，赋给 r2，
                                     否则 r0=0*/
    assign c=r0+r1+r2;
    endmodule
```

仿真波形(部分)如图 4.4 所示。

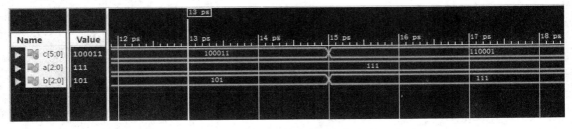

图 4.4 3 位二进制乘法器仿真波形

2. 用乘法运算符"＊"设计 8 位二进制乘法器

```
module multiply8 (product,a,b);
parameter size=8;
input[size:1] a,b;              //两个二进制数 a、b 相乘
output[2*size:1] product;       //输出 16 位乘积为 product
assign product=a*b;             //用乘法运算符
endmodule
```

思考与习题

1．用 Verilog HDL 设计一个少数服从多数的 5 人表决电路的源文件，最少 3 人同意时结果才通过，否则结果将被否定。要求分别用数据流描述方式、结构化描述方式完成。

2．用 Verilog HDL 设计一个二输入为 A、B 的控制电路源文件，当控制信号 C＝0 时，两输出 Y1、Y2 与输入状态相同；当控制信号 C=1 时，两输出 Y1、Y2 与输入状态相反。要求分别用结构化描述方式和行为描述方式完成。

3．用 Verilog HDL 设计图 4.5 所示电路的源文件，要求分别用数据流描述方式、结构化描述方式、行为描述方式和混合描述方式完成。

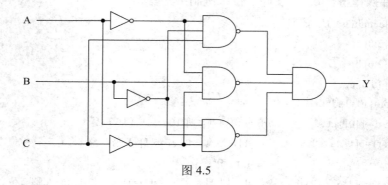

图 4.5

第 5 章 时序电路设计

本章介绍用 Verilog HDL 对简单时序电路和复杂时序电路进行设计。

5.1 简单时序电路设计

5.1.1 基本 D 触发器

触发器(flip-flop)是一种具有记忆功能，可以存储二进制信息的双稳态电路，它是构成时序电路的基本单元，也是最简单的时序电路。基本 D 触发器是最常用的触发器之一。

下面是用 Verilog HDL 设计的基本 D 触发器源文件：

```
module DFF(Q, D, CLK);
    output Q;
    input D, CLK;
    reg Q;
    always @ (posedge CLK)          //时钟脉冲上升沿触发
    begin
        Q<=D;
    end
endmodule
```

5.1.2 带异步清 0、异步置 1 的 D 触发器

下面是用 Verilog HDL 设计的带异步清 0、异步置 1 的 D 触发器源文件：

```
module DFF1(Q, QN, d, clk, set, reset);
    input d, clk, set, reset;
    output Q, QN;
    reg Q, QN;
    always @(posedge clk or negedge set or negedge reset)   //时钟脉冲上升沿触发、下降沿置位、
                                                            //下降沿复位
    begin
        if (!reset) begin
```

```
        Q<=0;                //异步清 0,低电平有效
        QN<=1;
        end
        else if (!set) begin
        Q<=1;                //异步置 1,低电平有效
        QN<=0;
        end
        else begin
        Q<=d;
        QN<=~d;
        end
        end
        endmodule
```

对 Verilog HDL 描述的 D 触发器在 Lattice(莱迪思)公司的电子设计自动化 EDA(Electronic Design Automation)开发软件环境下进行综合、编译。仿真时设计的 ABEL-HDL(一种用来描述器件逻辑功能的设计语言)测试向量如下:

```
        module DFF1;
        c=.c.;
        clk, d, Q, QN PIN;
        test_vectors
        ([clk, d]->[Q, QN])
        [0, 0]->[0, 0];
        [c, 0]->[0, 1];
        [c, 1]->[1, 0];
        end
```

仿真波形图如图 5.1 所示。

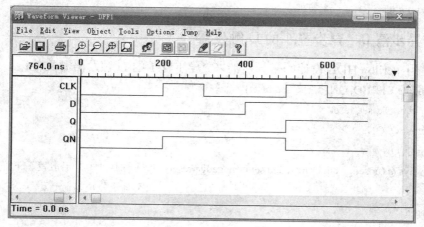

图 5.1 D 触发器仿真波形

5.1.3 带异步清 0、异步置 1 的 JK 触发器

JK 触发器是最常用的触发器之一。

下面是用 Verilog HDL 设计的带异步清 0、异步置 1 的 JK 触发器源文件：

```
module JK_FF(CLK, J, K, Q, RS, SET);
input CLK, J, K, SET, RS;
output Q;
reg Q;
always @ (posedge CLK or negedge RS or negedge SET)
begin
if (!RS) Q<=1'b0;
else if (!SET) Q<=1'b1;
    else case({J, K})
2'b00:Q<=Q;
2'b01:Q<=1'b0;
2'b10:Q<=1'b1;
2'b11:Q<=~Q;
default: Q<=1'bx;
endcase
end
endmodule
```

对 Verilog HDL 描述的 JK 触发器在 Lattice 公司的 EDA 开发软件环境下进行编译以及仿真。仿真时设计的 ABEL-HDL 测试向量如下：

```
MODULE JK_FF;
C=.C.;
CLK, J, K, SET, RS, Q    PIN;
TEST_VECTORS
([CLK, J, K]->[Q])
[0, 0, 0]->[0];
[C, 0, 0]->[0];
[C, 0, 1]->[1];
[C, 1, 0]->[1];
[C, 1, 1]->[0];
END
```

在 Lattice 公司的 EDA 开发软件环境下得到的仿真波形如图 5.2 所示。

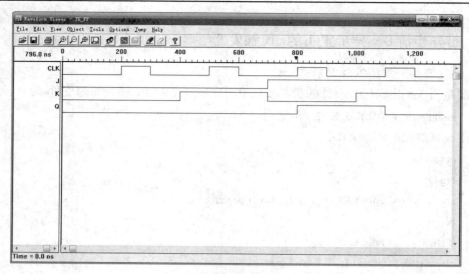

图 5.2 仿真波形图

5.1.4 锁存器和寄存器

1. 8 位数据锁存器

对于电平敏感的 D 锁存器,只要时钟为电平 1,数据就从输入传递到输出;否则输出值被锁存。

用 Verilog HDL 设计的 8 位数据锁存器源文件如下:

```
module latch_8 (qout, data, clk);
output [7:0] qout;
input [7:0] data;
input clk;
reg [7:0] qout;
always @(clk or data)         //电平触发、数据变化
begin
if (clk) qout<=data;
end
endmodule
```

2. 8 位数据寄存器

与电平敏感的锁存器不同的是,边沿敏感的寄存器在敏感列表中必须在数据输入时,声明为时钟上升沿或下降沿。

用 Verilog HDL 设计的 8 位数据寄存器源文件如下:

```
module reg8(out_data, in_data, clk, clr);
output [7:0] out_data;
input [7:0] in_data;
input clk, clr;
```

```
reg [7:0] out_data;
always @(posedge clk or posedge clr)      //时钟脉冲上升沿触发、上升沿清除
begin
if (clr) out_data<=0;
else out_data<=in_data;
end
endmodule
```

5.2 复杂时序电路设计

复杂的数字逻辑系统的设计和验证，不但除了需要具备系统结构知识外，还需要了解更多的语法现象和掌握高级的 Verilog HDL 系统任务，以及与 C 语言模块接口的方法(即 PLI，Verilog HLI 可编程语言接口是在 Verilog 代码中运行 C 或者 C++ 的一种机制)，并灵活运用 always 等语句，这是设计高质量的复杂时序电路最基本的要求。

5.2.1 自由风格设计

由于复杂时序电路的工作情况千变万化，难以遵循同一固定的设计风格，因此，可根据给定的设计项目(题目)，尽可能详细地将设计过程抽象化，尝试多种思路，灵活运用 Verilog HDL 的各种语句、操作符，自由创建行为模型，以设计出质量较高的复杂时序电路模块(源文件)。

1．模为 50 的 BCD 码计数器的设计

用 Verilog HDL 设计的模为 50 的 BCD 码计数器源文件如下：

```
module count50 (qout, cout, data, load, cin, reset, clk);
output [7:0] qout;
output cout;
input [7:0] data;
input load, cin, clk, reset;
reg [7:0] qout;
always @(posedge clk)                    //clk 上升沿时刻计数
begin
if (reset) qout<=0;                      //同步复位
else if (load) qout<=data;               //同步置数
    else if (cin)
begin
if (qout [3:0]==9)                       //低位是否为 9
begin
qout [3:0] <=0;                          //是，则赋 0，判断高位是否为 4
if (qout[7:4]==4) qout [7:4]<=0;
```

```
        else
            qout [7:4]<=qout[7:4]+1;        //高位不为 4，则加 1
        end
    else                                    //低位不为 9，则加 1
        qout [3:0]<=qout[3:0]+1;
    end
end
assign cout=((qout==8'h49)&cin)?1:0;        //产生进位输出信号
endmodule
```

2．可控加法/减法计数器的设计

该计数器有一个加/减控制端 up_down，当该控制端为高电平时，实现加法计数；为低电平时，实现减法计数。load 为同步预置端，clear 为同步清零端，低电平有效。

用 Verilog HDL 设计的可控加法/减法计数器源文件如下：

```
module updown_count(d, clk, clear, load, up_down, qd);
input [7:0] d;
input clk, clear, load;
input up_down;
output [7:0] qd;
reg [7:0] cnt;
assign qd=cnt;
always @(posedge clk)
begin
    if (!clear) cnt=8'h00;                  //同步清 0，低电平有效
    else if (load) cnt=d;                   //同步预置，高电平有效
    else if (up_down) cnt=cnt+1;            //加法计数
    else cnt=cnt-1;                         //减法计数
end
endmodule
```

3．可变模计数器的设计

设计模为 4、6、10、12 的可变计数器，能在控制信号 S0、S1 的控制下，实现变模计数。

用 Verilog HDL 设计的可变模计数器源文件如下：

```
module counter (clk, rst, en, S0, S1, qout);
input clk, rst, en, S0, S1;
output [3:0] qout;
reg [3:0] qout;
always @(posedge clk or posedge rst)
begin
```

```
            if(rst)
                qout<=4'b0;
            else if (en)
            begin
                case ({S1, S0})
                    2'b00:qout<=(qout>=4'd4)? 4'h0:(qout+1);
                    2'b01:qout<=(qout>=4'd6)? 4'h0:(qout+1);
                    2'b10:qout<=(qout>=4'd10)? 4'h0:(qout+1);
                    2'b11:qout<=(qout>=4'd12)? 4'h0:(qout+1);
                endcase
            end
            else
                qout<=0;
        end
    endmodule
```

仿真波形如图 5.3 所示。

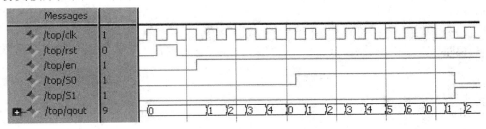

图 5.3　仿真波形

4．变模计数器的另一种设计思路

用 Verilog HDL 设计的模为 4、8、10、13 计数器源文件如下：

```
module counter (cout, s, CK);
output [3:0] cout;
input [1:0] s;
input CK;
reg [3:0] cout;
initial
cout=0;
always @(negedge CK)
begin
if (s==0)
begin
if(cout==3)
cout=0;
```

```
        else
        cout=cout+1;
        end
      else if(s==1)
        begin
        if (cout==7)
        cout=0;
        else
        cout=cout+1;
        end
      else if(s==2)
        begin
        if (cout==9)
        cout=0;
        else
        cout=cout+1;
        end
      else
        begin
        if(cout==12)
        cout=0;
        else
        cout=cout+1;
        end

    end
endmodule
```

ABEL 测试向量源文件如下：

```
module countertest;
c, x=.c.,.x.;
CK, cout_0_, cout_1_, cout_2_, cout_3_, s_0_, s_1_ PIN;
s=[s_1_, s_0_];
cout=[cout_3_, cout_2_, cout_1_, cout_0_];
TEST_VECTORS
([CK, s]->[cout])                    //修改 s 值即可实现变模计数
[c, 1]->[x];
[c, 1]->[x];
[c, 1]->[x];
[c, 1]->[x];
```

[c, 1]->[x];
[c, 1]->[x];
[c, 1]->[x];
[c, 1]->[x];
[c, 1]->[x];

END

在 Lattice 公司的 EDA 开发软件环境下，仿真波形如图 5.4～图 5.7 所示。

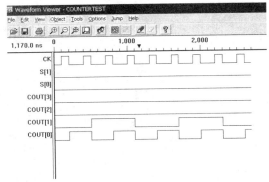

图 5.4 模 4 计数器仿真波形

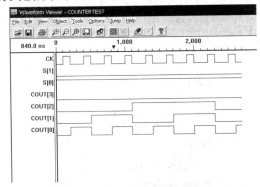

图 5.5 模 8 计数器仿真波形

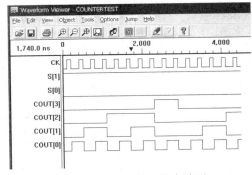

图 5.6 模 10 计数器仿真波形

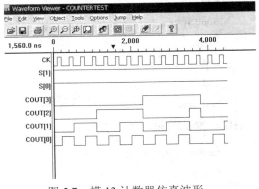

图 5.7 模 13 计数器仿真波形

5．串并转换电路的设计

串行数据 din 按照时钟 clk 的节拍依次进入转换电路之后，经过串并转换后变成 8 位字节的并行数据，再经偶校验后成为 9 位并行数据 dout 输出(9 位数据左边的最高有效位，即第 8 位 dout[8]是校验位)。

用 Verilog HDL 设计的串并转换电路源文件如下：

```
module convert(dout, din, CK);
output [8:0] dout;
input din;
input CK;
integer pa, i, j;
```

```
reg [8:0] dout;
reg [7:0]data8t;
initial i=0;

always @(posedge CK)
begin
data8t [i]=din;
i=i+1;
if(i==8)
begin
i=0;
pa=1;

for(j=0; j<8; j=j+1)
begin
dout[j]=data8t[j];
pa=pa^data8t[j];
end
dout[8]=pa;
pa=1;
end
end
endmodule
```

ABEL 测试向量源文件如下：

```
module testconvert;
c, x=.c.,.x.;
CK, din, dout_8_, dout_7_, dout_6_, dout_5_, dout_4_, dout_3_, dout_2_, dout_1_, dout_0_PIN;
dout=[ dout_8_, dout_7_, dout_6_, dout_5_, dout_4_, dout_3_, dout_2_, dout_1_, dout_0_];
TEST_VECTORS
([CK, din]->[dout])
[c, 1]->[x];
[c, 0]->[x];
[c, 0]->[x];
[c, 1]->[x];
[c, 0]->[x];
[c, 1]->[x];
[c, 1]->[x];
```

[c, 1]->[x];
[c, 0]->[x];
[c, 1]->[x];
[c, 0]->[x];
[c, 1]->[x];
[c, 1]->[x];
[c, 0]->[x];
[c, 1]->[x];
[c, 0]->[x];
END

在 Lattice 公司的 EDA 开发软件环境下，仿真波形如图 5.8 所示。

因为输出管脚在没有驱动的时候是低电平，不是高阻状态，所以出现了 DOUT 前 7 个时钟周期一直是 0 的现象。

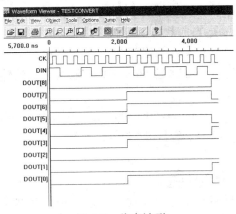

图 5.8 仿真波形

5.2.2 有限状态机 FSM

复杂时序逻辑电路常常采用有限状态机 FSM(Finite State Machine)来实现。

在数字电路系统中，有限状态机作为时序逻辑电路模块，对数字电路系统的设计具有非常重要的作用。

有限状态机的标准模型如图 5.9 所示。

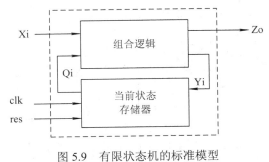

图 5.9 有限状态机的标准模型

有限状态机是指输出取决于过去输入部分和当前输入部分的时序逻辑电路。标准模型的有限状态机,除了输入部分和输出部分外,还含有一组具有"记忆"功能的存储器,它们通常由触发器组成,这些存储器的功能是记忆有限状态机的内部状态,它们常被称为当前状态存储器。在标准模型的有限状态机中,Xi 代表外部输入信号,Qi 代表存储电路的状态输出,也是组合逻辑电路的内部输入,clk 代表状态存储器的时钟输入,res 代表状态存储器的复位输入,Yi 代表状态存储器的激励信号,也是组合逻辑电路的内部输出,Zo 代表外部输出信号。在有限状态机中,状态存储器的下一个状态不仅与输入信号有关,而且还与该存储器的当前状态有关,因此有限状态机又可以认为是组合逻辑和存储器逻辑的一种组合。其中,存储器逻辑的功能是存储有限状态机的内部状态;而组合逻辑可以分为次态逻辑和输出逻辑两部分,次态逻辑的功能是确定有限状态机的下一个状态,输出逻辑的功能是确定有限状态机的输出。

在实际的应用中,根据有限状态机输出信号的特点,人们经常将其分为 Moore 型有限状态机和 Mealy 型有限状态机两种类型。

Moore 型有限状态机的输出函数为 $Z=F(Q)$,其输出信号仅与当前状态有关,即可以把 More 型有限状态的输出看成是当前状态的函数。

Mealy 型有限状态机的输出函数为 $Z=F(X,Q)$,其输出信号不仅与当前状态有关,而且还与所有的输入信号有关,即可以把 Mealy 型有限状态机的输出看成是当前状态和所有输入信号的函数。

用 Verilog HDL 的两个独立的 always 语句正好可以描述有限状态机标准模型中的两个方框图的行为,其中一个描述次态逻辑和输出的组合逻辑函数,另一个描述状态存储器。

1. 模 4 加法/减法计数器的设计

由图 5.10 所示的状态转换图和表 5.1 可见,该计数器包含 4 个状态、1 个输入和 1 个输出。该电路是一个模 4 加法/减法控制可逆计数器。X 为加/减控制输入信号,Z 为借位输出。

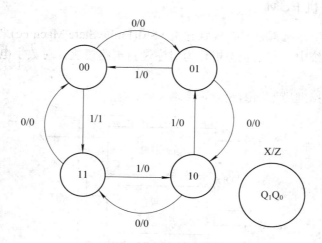

图 5.10　模 4 加法/减法计数器状态转换图

表 5.1 模 4 加法/减法计数器状态表

Q_1Q_0 \ X	$Q_1^{n+1}Q_0^{n+1}/Z$	
	0	1
00	01/0	11/1
01	10/0	00/0
10	11/0	01/0
11	00/0	10/0

当外部输入 X=0 时，Q_1Q_0 状态转移按 00→01→10→11→00→…变化，实现模 4 加法计数器的功能。

当外部输入 X=1 时，Q_1Q_0 状态转移按 00→11→10→01→00→…变化，实现模 4 减法计数器的功能。

设计思路是，第一个 always 语句使用 case 语句来指定状态机在各个状态中的动作和在各状态之间的转换，它是组合输出(Z)和次态(nextState)函数的描述。这些函数的输入集合为输入 X、寄存器现态(currentState)，它们中的任何一个变化都会使 always 语句有新的动作，case 语句指明了这个动作。case 语句的默认项使状态机转换成与复位相等同的状态 A。

第二个 always 语句根据复位条件决定状态寄存器的状态。当 res 为低电平时，状态机进入状态 A；当 res 不为低电平时，always 语句把次态(nextState)的值赋给现态(currentState)，在时钟的上升沿 posedge clk 改变 FSM 的状态。

用 Verilog HDL 设计的模 4 加法/减法计数器源文件如下：

```
module j_j4(X, clk, res, Z, currentState);
input X;
input clk, res;
output Z;
output [1:0] currentState;
reg Z;
reg [1:0] currentState, nextState;
parameter [1:0] A=0,
                B=1,
                C=2,
                D=3;            //状态标识和赋值
always @(X or currentState)
case(currentState)
    A:  begin
        nextState=(X==0)?B:D; //X=0 时，nextState 输出为 B；X≠0 时，nextState 输出为 D
        Z=(X==0)?0:1;
        end
    B:  begin
```

```
                nextState=(X==0)?C:A;
                Z=0;
                end
            C:  begin
                nextState=(X==0)?D:B;
                Z=0;
                end
            D: begin
                nextState=(X==0)? A:C;
                Z=0;
                end
            default: begin
                nextState=A;
                Z=0;
                end
        endcase
        always @(posedge clk or negedge res)
        if(~res)                     //res 为低电平时复位
    currentState<=A;
        else
    currentState<=nextState;
    endmodule
```

用 Verilog HDL 设计的测试模块源文件如下：

```
`timescale 1ps/1ps
module TEST51;

    //输入
    reg X;
    reg clk;
    reg res;

    //输出
    wire Z;
    wire [1:0] currentState;

    //实例化被测试部件
    j_j4 uut(
        .X(X),
        .clk(clk),
        .res(res),
```

```
            .Z(Z),
            .currentState(currentState)
        );
    always  #1 clk=~clk;
        initial begin
            //初始化输入
            X=0;
            clk=0;
            reg=0;

            //为完成全局复位等待 10 ps
            #10;

            //在这里添加要仿真的内容
            X=1;
            res=1;
            #60 $stop;
            end

endmodule
```

在 Xilinx ISE Design Suite 13.x(简称 ISE13)设计套件上，利用 ISim Simulator 进行仿真得到的仿真波形(部分)如图 5.11 和图 5.12 所示。

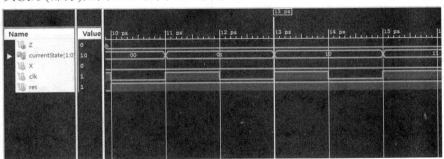

图 5.11　X=0 时加法计数器的仿真波形

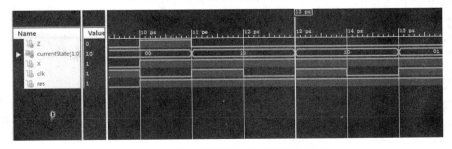

图 5.12　X=1 时减法计数器的仿真波形

2. 序列信号发生器的设计

序列信号发生器的状态图如图 5.13 所示。序列信号发生器的状态真值表如表 5.2 所示。

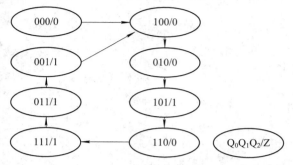

图 5.13 序列信号发生器的状态图

表 5.2 序列信号发生器的状态真值表

CP	Q_0	Q_1	Q_2	Q_0^{n+1}	Q_1^{n+1}	Q_2^{n+1}	Z
0	0	0	0	1	0	0	0
1	1	0	0	0	1	0	0
2	0	1	0	1	0	1	0
3	1	0	1	1	1	0	1
4	1	1	0	1	1	1	0
5	1	1	1	0	1	1	1
6	0	1	1	0	0	1	1
7	0	0	1	1	0	0	1
8	1	0	0	0	1	0	0

用 Verilog HDL 设计的序列信号发生器源文件如下：

```
module xlxh(clk, res, Z, currentState);
input clk, res;
output Z;
output [2:0] currentState;
reg Z;
reg [2:0] currentState, nextState;
parameter [2:0] A=0, B=4, C=2, D=5, E=6, F=7, G=3, H=1;      //状态标识和赋值
    always @(currentState)
case(currentState)
    A:  begin
        nextState=B;
        Z=0;
        end
    B:  begin
        nextState=C;
        Z=0;
```

```
            end
    C:  begin
            nextState=D;
            Z=0;
            end
    D:  begin
            nextState=E;
            Z=1;
            end
    E:  begin
            nextState=F;
            Z=0;
            end
    F:  begin
            nextState=G;
            Z=1;
            end
    G:  begin
            nextState=H;
            Z=1;
            end
    H:  begin
            nextState=B;
            Z=1;
            end

    default: begin
            nextState=A;
            Z=0;
            end
    endcase
    always@(posedge clk or negedge res)
        if (~res)                    //res 为低电平时复位
            currentState<=A;
        else
            currentState <=nextState;
endmodule
```

用 Verilog HDL 设计的序列信号发生器测试模块源文件如下:
```
module TEST52;
```

```
//输入
reg clk;
reg res;

//输出
wire Z;
wire [2:0] currentState;

//实例化被测试部件
xlxh uut(
    .clk(clk),
    .res(res),
    .Z(Z),
    .currentState(currentState)
);
always  #1 clk=~clk;
initial begin
    //初始化输入
    clk=0;
    res=0;

    //为完成全局复位等待 10 ps
    #10;

    //在这里添加要仿真的内容
  res=1;
#60 $stop;
  end

endmodule
```

在 Xilinx ISE13 环境下得到的仿真波形(部分)如图 5.14 所示。

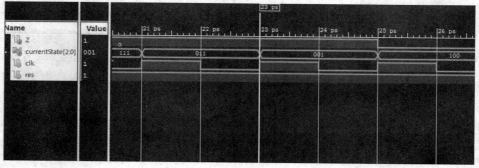

图 5.14 仿真波形

从仿真波形可以看出，在第 1～7 个时钟的作用下，输出 Z 按顺序输出特定的二进制码 0010111；在第 8 个时钟到达时，电路输出将重复 7 位二进制码 0010111。由于输出序列由 7 位二进制码 0010111 重复构成，因此该电路称为序列长度为 7 的序列信号发生器。

5.3 时序电路设计中的同步与异步

设计时序电路时，对同步置位(set)、复位(reset)和异步置位、复位有不同的要求。

(1) 同步置位、复位只有在时钟的有效沿时刻置位、复位才能实现，因此，在设计时不能把置位、复位信号名列入 always 块的事件控制括号中。

例 5.1　同步置位、复位高电平有效 D 触发器。

```
module dff_d(q,qn,d,set,reset,clk);
input d,set,reset,clk;
output q,qn;
reg q,qn;
always @(negedge clk)
begin
    if(reset)
    begin
        q<=0;
        qn<=1;
    end
    else if(set)
    begin
        q<=1;
        qn<=0;
    end
    else
    begin
        q<=d;
        qn<=~d;
    end
end
endmodule
```

(2) 异步置位、复位与时钟无关，不需要等到时钟沿到来才置位、复位，因此，在设计时可以把置位、复位信号名列入 always 块的事件控制括号中。

例 5.2　参考 5.1.2 小节。

思考与习题

1. 用 Verilog HDL 设计锁存器和寄存器的源文件时，时钟控制信号有何区别？
2. 用 Verilog HDL 分别设计一个 16 位锁存器和寄存器的源文件。
3. 在数字电路系统中，有限状态机 FSM 是一种十分重要的时序逻辑电路模块，用 Verilog HDL 的 always 语句可以描述有限状态机标准模型的行为。试用有限状态机 FSM 思路设计一个模 8 减法计数器。
4. 试用有限状态机 FSM 的思路设计具有图 5.15 所示状态的时序电路。

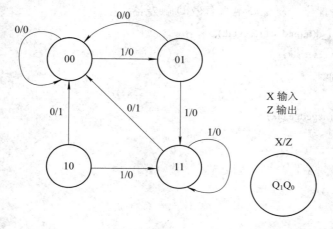

图 5.15

5. 试用有限状态机 FSM 的思路设计具有图 5.16 所示状态的时序电路。

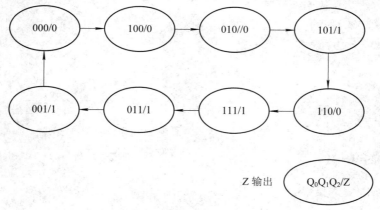

图 5.16

第6章 仿真测试程序设计

对一个数字电路与系统用 Verilog HDL 进行建模或编写源文件后,还需进行逻辑综合(Synthesize)。通常使用的逻辑综合工具有 Synplify、Synplify Pro 和 Synplift Premier 等,它们都是专门针对 FPGA 和 CPLD 使用的逻辑综合工具。除了综合编译、布局布线还要进行仿真,有时需要设计仿真测试程序。在一些 EDA 开发软件中,仿真测试程序(或叫测试模块)可以用 Verilog HDL 设计,或者既可以用 Verilog HDL 设计,也可以用 ABEL-HDL 设计,此外还可以通过输入测试波形文件等进行仿真。本章首先介绍用 Verilog HDL 设计仿真测试程序,然后介绍用 ABEL-HDL 设计仿真测试向量。

6.1 用 Verilog HDL 设计仿真测试程序

对系统模块进行仿真和测试的软件工具称为测试模块或测试程序。将系统模块和测试模块组合在一起,类似于一个测试台(Test Bench)或测试装置(Test Fixture),在这种由软件构成的测试台上就可以验证硬件的正确性。

6.1.1 七段数码管译码器测试模块

该译码器已通过综合,其系统模块源文件如下:

```
module cnt_7(a1, b1, c1, d1, e1, f1, g1, A, B, C);
output a1, b1, c1, d1, e1, f1, g1;
input A, B, C;
reg a1, b1, c1, d1, e1, f1, g1;
always @(A or B or C)
begin                                           //begin…end 顺序过程
   case({A, B, C})
   3'd0:{a1, b1, c1, d1, e1, f1, g1}=7'b1111110;  //设七段数码管为共阴极结构
   3'd1:{a1, b1, c1, d1, e1, f1, g1}=7'b0110000;
   3'd2:{a1, b1, c1, d1, e1, f1, g1}=7'b1101101;
   3'd3:{a1, b1, c1, d1, e1, f1, g1}=7'b1111001;
   3'd4:{a1, b1, c1, d1, e1, f1, g1}=7'b0110011;
   3'd5:{a1, b1, c1, d1, e1, f1, g1}=7'b1011011;
   3'd6:{a1, b1, c1, d1, e1, f1, g1}=7'b1011111;
```

```
                3'd7:{a1, b1, c1, d1, e1, f1, g1}=7'b1110000;
                default: {a1, b1, c1, d1, e1, f1, g1}=7'bx;
                endcase
            end

    endmodule
```

测试模块用于检测系统模块设计得是否正确,它给出模块的输入信号、相应的功能变化或时序关系、输出信号。如果测试结果与预期的不一致,则要对原设计的系统模块进行修改,直到完全满足要求为止。七段数码管译码器的测试模块源文件如下:

```
    `timescale 1ps/1ps              //定义时间单位为 1ps,精度为 1ps
    module cnt_7test;

        //输入
        reg A;
        reg B;
        reg C;

        //输出
        wire a1;
        wire b1;
        wire c1;
        wire d1;
        wire e1;
        wire f1;
        wire g1;

        //实例化被测试部件
        cnt_7 uut(
            .a1(a1),
            .b1(b1),
            .c1(c1),
            .d1(d1),
            .e1(e1),
            .f1(f1),
            .g1(g1),
            .A(A),
            .B(B),
            .C(C)
        );
```

```
initial begin
    //初始化输入
    A=0;
    B=0;
    C=0;

    //在这里添加要仿真的内容
    #1  A=0;  B=0;  C=1;
    #1  A=0;  B=1;  C=0;
    #1  A=0;  B=1;  C=1;
    #1  A=1;  B=0;  C=0;
    #1  A=1;  B=0;  C=1;
    #1  A=1;  B=1;  C=0;
    #1  A=1;  B=1;  C=1;
    #1  $stop;           //$stop 为系统任务，用于暂停仿真以便观察仿真波形
end

endmodule
```

EDA 开发软件中，通常 Verilog HDL 测试模块选用 Verilog Test Fixture(测试装置)进行编辑，而 VHDL 测试模块选用 VHDL Text Bench(测试台)进行编辑。

在 Xilinx ISE13 设计套件上，利用 ISim Simulator 进行仿真得到的仿真波形(部分)如图 6.1 所示。

进行仿真时，系统模块定义的时间单位与测试模块定义的时间单位要一致，且注意"ps"不要写成"Ps"。

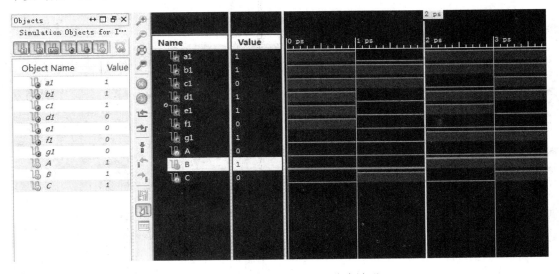

图 6.1　七段数码管译码器仿真波形

在 Xilinx ISE13 设计套件上进行仿真时，点击了有关选项后，系统会自动生成一个测试模块主框架，在此基础上，设计者可以添加内容或激励(可参考 9.1.1 小节中的步骤 9)。

6.1.2 分频器测试模块

分频分为偶数倍分频、奇数倍分频、任意倍分频等，它们用 Verilog HDL 实现的原理基本相同。例如，通过一个模 N 计数器模块就可以实现偶数倍(2N)分频，即每当模 N 计数器时钟的上升沿从 0 开始计数至 N − 1 时，输出时钟进行翻转，同时给计数器一个复位信号使其从 0 开始重新计数，并以此循环，生成偶数倍(2N)分频波形。又如，若要实现奇数倍(2N + 1)分频，且占空比为 X/(2N + 1)或(2N + 1 − X)/(2N + 1)，则可设计一个模(2N + 1)计数器模块，即取 0～2N − 1 之间一数值 X，当计数器时钟的上升沿从 0 开始计数到 X 值时输出时钟翻转一次，在计数器继续计数达到 2N 时，输出时钟再次翻转一次并对计数器置一个复位信号，使其从 0 开始重新计数，并以此循环，从而生成奇数倍分频波形。

N 等于 1 的 2 分频器系统模块源文件如下：

```
module two_clk(reset, clk_in, clk_out);
    input clk_in, reset;
    output clk_out;
    reg clk_out;

    always @(posedge clk_in)
      begin
        if(!reset)   clk_out=0;       /*时钟上升沿到来时，如果未出现复位信号，则输出保持 1，
                                        在随后的时钟上升沿到来时将 0 赋给输出*/
        else    clk_out=~clk_out;
      end
endmodule
```

在 always 块中，被赋值的信号都必须定义为 reg 型，同时定义一个复位信号 reset，当 reset 为低电平时，对电路中的寄存器进行复位。

2 分频器的测试模块源文件如下：

```
`timescale 1ps/1ps
module test;

    //输入
    reg reset;
    reg clk_in;

    //输出
    wire clk_out;

    //实例化被测试部件
```

```
        two_clk uut(
            .reset(reset),
            .clk_in(clk_in),
            .clk_out(clk_out)
        );
    always #1 clk_in=~clk_in;
        initial begin
            //初始化输入
            reset=0;
            clk_in=0;
            //在这里添加要仿真的内容

            #1 reset=0;
            #1 reset=1;
            #10 $stop;
        end

endmodule
```

在 Xilinx ISE13 设计套件上，利用 ISim Simulator 进行仿真得到的仿真波形(部分)如图 6.2 所示。

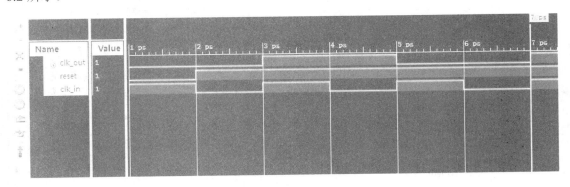

图 6.2　仿真波形

6.1.3　阻塞赋值与非阻塞赋值的测试模块

在 always 块中，阻塞赋值可以理解为赋值语句是顺序执行的，而非阻塞赋值可以理解为赋值语句是并发执行的。实际的时序逻辑电路设计中，一般情况下非阻塞赋值语句使用得更多，但有时为了在同一周期实现相互关联的操作，也使用了阻塞赋值语句。(如前所述，在实现组合逻辑的 assign 数据流描述结构中，无一例外地都必须采用阻塞赋值语句。)

下面通过分别采用阻塞赋值语句和非阻塞赋值语句设计两个看上去非常相似的系统模块 blocking.v 和 non_blocking.v，以及设计测试模块并进行仿真来说明两者之间的区别。

阻塞赋值系统模块的源文件如下：

```verilog
//blocking.v

module blocking(clk, in, out1, out2);
    output [3:0] out1, out2;
    input [3:0] in;
    input   clk;
    reg [3:0] out1, out2;
    always @(posedge clk)
      begin
        out1=in;
        out2=out1;
      end
endmodule
```

阻塞赋值测试模块的源文件如下：

```verilog
`timescale 1ps/1ps
module test;
    //输入
    reg clk;
    reg[3:0] in;

    //输出
    wire [3:0] out1;
    wire [3:0] out2;

    //实例化被测试部件
    blocking uut(
        .clk(clk),
        .in(in),
        out1(out1),
        .out2(out2)
    );
    initial begin
        //初始化输入
        clk=0;
        in=0;
    forever #1 clk=~clk;
        end
    initial begin
```

```
            in=4'h1;
        #2 in=4'h2;
        #2 in=4'h3;
        #2 in=4'h4;
        #2 in=4'h5;
        #10
    $stop;
    end
endmodule
```

非阻塞赋值系统模块的源文件如下：

```
//non_blocking.v
module non_blocking(clk, in, out1, out2);
    output [3:0] out1, out2;
    input [3:0] in;
    input clk;
    reg [3:0] out1, out2;
    always @(posedge clk)
        begin
            out1<=in;
            out2<=out1;
        end
endmodule
```

非阻塞赋值测试模块的源文件如下：

```
`timescale 1ps/1ps
module test;
    //输入
    reg clk;
    reg [3:0] in;
    //输出
    wire [3:0] out1;
    wire [3:0] out2;
    //实例化被测试部件
    non_blocking uut(
        .clk(clk),
        .in(in),
        .out1(out1),
        .out2(out2)
    );
    initial begin
```

```
            //初始化输入
            clk=0;
            in=0;
            forever #1 clk=~clk;
        end
initial begin
    in=4'h1;
    #2 in=4'h2;
    #2 in=4'h3;
    #2 in=4'h4;
    #2 in=4'h5;
    #10
    $stop;
        end

    endmodule
```

通过阻塞赋值测试模块和非阻塞赋值测试模块得到的仿真波形如图 6.3 和图 6.4 所示，可以直观地观察到两者的区别。

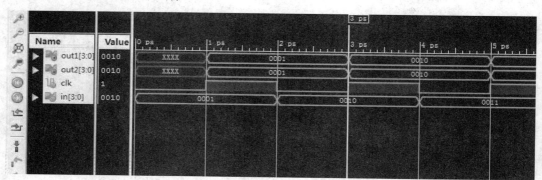

图 6.3　阻塞仿真波形

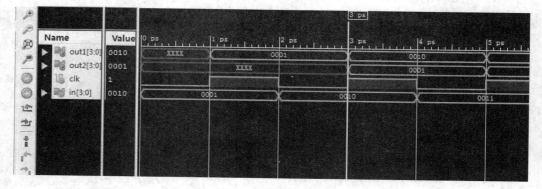

图 6.4　非阻塞赋值仿真波形(部分)

阻塞赋值可理解为在当前的赋值完成前阻塞其他类型的赋值任务，即"一气呵成"、"一步完成"。
```
begin
    out1=in;
    out2=out1;
end
```
第一个时钟变化沿 out1 得到 in=0001 值，out2 得到 in=0001 值。begin…end 可看成串行执行的一句。

非阻塞赋值可理解为在当前的赋值完成前不阻碍其他类型的赋值任务，即看成"二步完成"：若一个时钟变化沿得到(或求得)值，则下一个同样的时钟变化沿更新值。
```
begin
    out1<=in;
    out2<=out1;
end
```
always @(posedge clk) begin…end 中等待同一个时钟变化沿的所有非阻塞赋值都是同步的。若第一个时钟变化沿 out1 得到 in=0001 值，同时 out2 得到 XXXX 值，则下一个同样的时钟变化沿 out2 更新为 in=0001 值。begin…end 可看成并行执行的两句。

6.1.4 序列检测器测试模块

序列检测器有一个输入端 X，用于串行输入被检测的二进制序列信号；有一个输出端 Z，当二进制序列连续出现 4 个 1 时，输出为 1，其余情况下均输出为 0。例如：

X：1101111110110，
Z：0000001110000。

系统模块的源文件如下：
```
module seq_check(din, dout, clk);
input    din, clk;
output   dout;
reg      dout;
reg [2:0] num;

always @(posedge clk)
            if(din==1'b0)
    begin
        dout<=1'b0;
        num<=3'd0;
    end
  else
    begin
        num<=num+3'd1;
            if(num==3'd3)
```

```
                    begin
                        dout<=1'b1;
                        num<=3'd3;
                    end
                else
                    dout<=1'b0;
        end
endmodule
```

测试模块的源文件如下：

```
`timescale 1ps/1ps
module test;
    //输入
    reg din;
    reg clk;
    //输出
    wire dout;
    //实例化被测试部件
    seq_check uut(
        .din(din),
        .dout(dout),
        .clk(clk)
    );
    initial begin
        //初始化输入
        din<=0;
        clk<=0;
        //在这里添加要仿真的内容
        forever #1 clk<=~clk;   //仿真时钟激励信号 clk 与 din 仿真内容放在一个 initial begin…end 语句中就会出错
    end
    initial begin              //产生 din 仿真内容
    #1 din<=1;
    #4 din<=0;
    #2 din<=1;
    #12 din<=0;
    #2 din<=1;
    #4 din<=0;
    #10 $finish;
        end
endmodule
```

测试模块设计中的关键是仿真项的添加，以及分别在两个 initial begin…end 语句中设置时钟信号和输入信号。为了观测方便，时间单位、延时数值应作适当调整。

在 Xilinx ISE13 设计套件上，利用 ISim Simulator 进行仿真得到的仿真波形(部分)如图 6.5 所示。

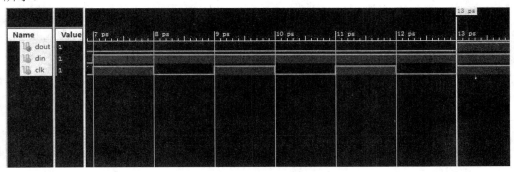

图 6.5 仿真波形

6.1.5 关于 WARNING

6.1.4 小节示例仿真完成后，Xst 综合器报告给出了一个 WARNING 警告。

    WARNING:Xst:1710 - FF/Latch <num_2> (without init value) has a constant value of 0 in block < seq_check >. This FF/Latch will be trimmed during the optimization process.

该 WARNING 警告表示<num_2>在<check_bit>模块中写入了一个固定值 0，这个信号将会在 optimization 优化过程中被优化掉。

该 WARNING 警告说明 reg [2:0] num 的高位被置为 0，对本设计不影响。

Xst 综合器报告 WARNING 警告的情况有多种，设计者可根据具体的情况酌情查看、分析 WARNING 警告的严重程度，如果不影响工作，有一些是可以忽略的，但心里要有数。Verilog 容易产生一些锁存器，虽然不影响综合，但可能会占用不必要的资源，建议编程时加以注意。

6.1.6 关于测试模块及其基本结构

测试模块与系统模块的连接关系如图 6.6 所示。

图 6.6 测试模块与系统模块的连接关系

可将测试模块看成顶层模块，把系统模块即被测试模块看成底层模块，测试模块与被测试模块是相互联系的，是关联关系，是调用与被调用的关系。调用的格式如下：

    被测试模块名 实例名(关联端口);

关联可以用以下两种方式表示：

(1) 命名(名称)关联。端口的名称(被测试模块的端口名称)及与端口连接的线网(测试模块的线网)被显式地表示，即(.Port_name(net_name))。

Port_name 前面要加一个点"."。

(2) 位置关联。端口与线网关联，即端口严格按顺序对应线网。

上述例子就是命名关联的方式。

一个测试模块的基本结构如下：

```
`timescale  xx/xx          /*根据便于观察测试仿真波形的要求，用编译预处理指令`timescale
                              定义(设置)时间单位/精度*/
module test_name;          //给测试模块起名
reg  ……;                   //将系统模块的输入即测试模块的输出声明为寄存器类型
wire ……;                   //将系统模块的输出声明为线网类型
被测试模块名  实例名(关联端口);  //调用系统模块;

always                     //对于需要时钟控制的系统模块添加时钟激励信号
initial                    //初始化
begin
……                         //添加要仿真的内容或激励
end

endmodule                  //测试模块结束
```

6.2 用 ABEL-HDL 设计仿真测试向量

ABEL-HDL 是一种较早用于数字逻辑电路设计的硬件描述语言。不少 EDA 开发软件不但支持 Verilog HDL、VHDL 及原理图设计，而且支持 ABEL-HDL 等多种输入方式设计。

6.2.1 ABEL-HDL 测试向量

ABEL-HDL 源文件由模块组成，一个模块包含 5 个段：标题段、定义段(说明段)、逻辑描述段、测试向量段、结束段。

一些公司(如 Lattice 等)的 EDA 开发软件允许用户用 Verilog HDL 设计给定题目的系统源文件，而仿真时既可以用 Verilog HDL 设计的仿真测试程序，又可以用 ABEL-HDL 设计的仿真测试向量。ABEL-HDL 设计的仿真测试向量往往比较简单、直观。

ABEL-HDL 的测试向量段用来检查逻辑描述给出的电路设计是否能完成预期的功能，开发软件将按照设计者编写出的测试向量，逐条逐句对综合、编译文件时建立的电路模型进行仿真，并给设计者提供仿真结果，以便纠错。

测试向量的格式为

```
test_vectors[IN 器件名][注释]        test_vectors 可大写或小写，随后的两个[ ]也可省略
([输入向量]->[输出向量])              表头；纯时序电路用符号 :>
[输入信号值]->[输出信号值];
```

[输入信号值]->[输出信号值];
⋮
[输入信号值]->[输出信号值];
end

测试向量包含一个表头及向量本身，表头用来定义测试向量表的开始，并指明向量的排列。测试向量表列出了各种输入信号的组合及其相应的输出信号。

对于组合逻辑电路，测试向量表实际上就是真值表。如果电路简单，则可包括所有的组合形式；如果电路复杂，则可列出具有代表性的一部分组合形式。

对于时序逻辑电路，测试向量表应包括所有的状态，并从一定的起始状态开始，按照最佳迁移路线，在时钟信号和控制信号的作用下，一拍一拍地运行下去并给出仿真结果。所谓最佳迁移路线，就是中间不间断地经历所有状态的最短路径。

ABEL-HDL 的测试向量段再加上一些"封装"，就成为一个用于 Verilog HDL 设计的系统模块的 ABEL 仿真测试模块。其结构如下：

```
module test_name;
``constant declarations
H, L, X=1, 0, .X.;
C=.C.;
D=.D.;
U=.U.;
  ⋮
``pin and node declarations
…pin;
test_vectors[IN 器件名][注释]
    ([输入向量]->[输出向量])
     [输入信号值]->[输出信号值];
     [输入信号值]->[输出信号值];
        ⋮
     [输入信号值]->[输出信号值];
end
```

其中，.X.、.C.、.D.、.U. 等是 ABEL-HDL 中的逻辑常量，.X. 代表任意态，.C. 代表时钟输入(源文件中已指明边沿，测试模块中用.C.)，.D. 代表时钟下降沿，.U. 代表时钟上升沿。

6.2.2 七段数码管译码器测试向量

该译码器已通过综合，其 ABEL 测试模块的源文件如下：

```
module test;
x=.x.;
A, B, C, a1, b1, c1, d1, e1, f1, g1   PIN;
out=[a1, b1, c1, d1, e1, f1, g1];
TEST_VECTORS
```

([A, B, C]->[out])
[0, 0, 0]->[x];
[0, 0, 1]->[x];
[0, 1, 0]->[x];
[0, 1, 1]->[x];
[1, 0, 0]->[x];
[1, 0, 1]->[x];
[1, 1, 0]->[x];
[1, 1, 1]->[x];
END

利用 Lattice 公司的 EDA 开发软件得到的仿真波形如图 6.7 所示。

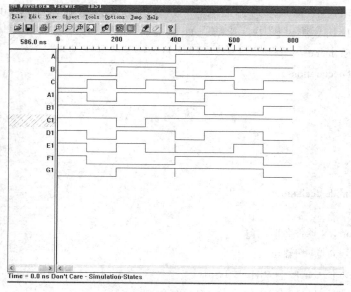

图 6.7 仿真波形

6.2.3 4 位加法器测试向量

用 Verilog HDL 编写带进位的 4 位二进制加法器的源文件，并用 ABEL-HDL 设计测试模块。

Verilog HDL 源文件如下：

```
module Fulladder(sum, cout, a, b, cin);
    input cin;
    input [3:0] a, b;
    output cout;
    output [3:0] sum;
    assign {cout, sum}=a+b+cin;
endmodule
```

ABEL 测试模块的源文件如下：
　　module test1;
　　x=.x.;
　　cin, a_0_, a_1_, a_2_, a_3_, b_0_, b_1_, b_2_, b_3_, cout, sum_0_, sum_1_, sum_2_, sum_3_, PIN;
　　a=[a_3_, a_2_, a_1_, a_0_];
　　b=[b_3_, b_2_, b_1_, b_0_];
　　sum=[sum_3_, sum_2_, sum_1_, sum_0_];
　　TEST_VECTORS
　　([cin, a, b]->[cout, sum])
　　[0, ^b0000, ^b0000]->[x, x];
　　[1, ^b0001, ^b0001]->[x, x];
　　[1, ^b0010, ^b0010]->[x, x];
　　[0, ^b0010, ^b0010]->[x, x];
　　[0, ^b0100, ^b1010]->[x, x];
　　[1, ^b1000, ^b0010]->[x, x];
　　[0, ^b1100, ^b0010]->[x, x];
　　[0, ^b1110, ^b1010]->[x, x];
　　[1, ^b1111, ^b1010]->[x, x];
　　END
注意：源文件中的[3:0]a，在 ABEL 中应分开写为 a_0_, a_1_, a_2_, a_3_。
利用 Lattice 公司的 EDA 开发软件得到的仿真波形如图 6.8 所示。

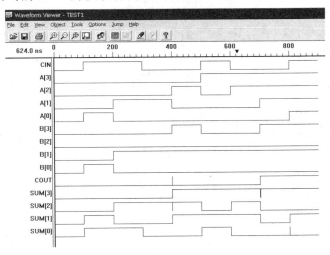

图 6.8　仿真波形

6.2.4　序列检测器测试向量

序列检测器有一个输入端 X，用于串行输入被检测的二进制序列信号；一个输出端 Z，当二进制序列连续出现 4 个 1 时，输出为 1，其余情况均输出为 0。如：
　　X: 1101111110110

Z: 0000001110000

用 Verilog HDL 编写的源文件如下：

```verilog
module check(p, a, CK);

output p;
reg p;
input a, CK;
integer i;
initial
i=0;
always @(negedge CK)
begin
if(a==0)
i=0;
else
i=i+1;
if(i>=4)
p=1;
else
p=0;
end
endmodule
```

ABEL 测试模块如下：

module testjiance;
c, x=.c., .x.;
CK, p, a PIN;
TEST_VECTORS
([CK, a]->[p])
[c, 1]->[x];
[c, 1]->[x];
[c, 0]->[x];
[c, 1]->[x];
[c, 1]->[x];
[c, 1]->[x];
[c, 1]->[x];
[c, 1]->[x];
[c, 1]->[x];
[c, 0]->[x];
[c, 1]->[x];
[c, 1]->[x];

[c, 0]->[x];
END

利用 Lattice 公司的 EDA 开发软件得到的仿真波形如图 6.9 所示。

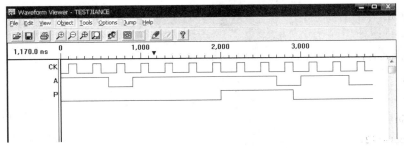

图 6.9 仿真波形

6.2.5 变模计数器测试向量

模为 4、8、10、13 的计数器，在控制信号 S0、S1 的控制下可实现变模计数。

用 Verilog HDL 编写的源文件如下：

```
module counter(cout, s, CK);
output [3:0] cout;
input [1:0]s;
input CK;
reg [3:0] cout;
initial
cout=0;
always @(negedge CK)
begin
if(s==0)
begin
if(cout==3)
cout=0;
else
cout=cout+1;
end
else if(s==1)
begin
if(cout==7)
cout=0;
else
cout=cout+1;
end
```

```
                else if(s==2)
                begin
                    if(cout==9)
                    cout=0;
                    else
                    cout=cout+1;
                end
                else
                begin
                    if(cout==12)
                    cout=0;
                    else
                    cout=cout+1;
                end

            end
            endmodule
```
ABEL 测试模块如下：
```
            module countertest;
            c, x=.c., .x.;
            CK, cout_0_, cout_1_, cout_2_, cout_3_, s_0_, s_1_PIN;
            s=[s_1_, s_0_];
            cout=[cout_3_, cout_2_, cout_1_, cout_0_];
            TEST_VECTORS
            ([CK, s]->[cout])              //修改 s 值即可实现变模计数
            [c, 1]->[x];
            [c, 1]->[x];
            [c, 1]->[x];
            [c, 1]->[x];
            [c, 1]->[x];
            [c, 1]->[x];
            [c, 1]->[x];
            [c, 1]->[x];
            [c, 1]->[x];

            END
```
利用 Lattice 公司的 EDA 开发软件得到的仿真波形(部分)如图 6.10～图 6.13 所示。

第 6 章 仿真测试程序设计

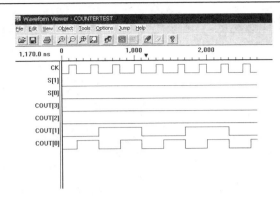

图 6.10 模 4 计数器仿真波形

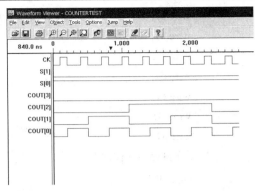

图 6.11 模 8 计数器仿真波形

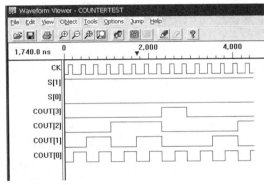

图 6.12 模 10 计数器仿真波形

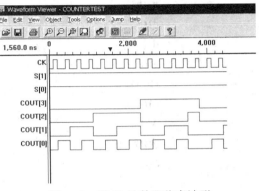

图 6.13 模 13 计数器仿真波形

测试向量列表的项多一些,才会得到完整的波形。

6.3 Altera 公司的 Quartus II 波形仿真

参考本书 9.3.2 小节介绍的 Altera 公司的 EDA 开发软件 Quartus II 9.0 操作应用中的步骤 5,通过仿真获得波形。

思考与习题

1. 七段数码管译码器测试模块的源文件如下:

```
`timescale 1ps/1ps        //定义时间单位为 1ps,精度为 1ps
module cnt_7test;
    //输入
    wire A;
    wire B;
    wire C;
    //输出
```

```
        wire a1;
        wire b1;
        wire c1;
        wire d1;
        wire e1;
        wire f1;
        wire g1;
    //实例化被测试部件
        cnt_7 uut(
            .a1(a1),
            .b1(b1),
            .c1(c1),
            .d1(d1),
            .e1(e1),
            .f1(f1),
            .g1(g1),
            .A(A),
            .B(B),
            .C(C)
        );

        initial begin
            //初始化输入
            A=0;
            B=0;
            C=0;
    //在这里添加要仿真的内容
            #1  A=0; B=0; C=1;
            #1  A=0; B=1; C=0;
            #1  A=0; B=1; C=1;
            #1  A=1; B=0; C=0;
            #1  A=1; B=0; C=1;
            #1  A=1; B=1; C=0;
            #1  A=1; B=1; C=1;
            #1  $stop;           //$stop 为系统任务,用于暂停仿真以便观察仿真波形
        end
    endmodule
```

指出上述测试模块中的错误。

2.2 分频器测试模块的源文件如下：

```verilog
`timescale 1ps/1ps
module test;
    //输入
    reg reset;
    reg clk_in;
    //输出
    wire clk_out;
    //实例化被测试部件
    two_clk uut(
        .reset(reset),
        .clk_in(clk_in);
        .clk_out(clk_out)
    );
    always clk_in=~clk_in;
    initial begin
        //初始化输入
        reset=0;
        clk_in=0;
        //在这里添加要仿真的内容
        #10 $stop;
    end
endmodule
```

指出上述测试模块中的错误。

第 7 章　组合电路设计实例

组合电路的特点是电路中任一时刻的输出仅仅取决于该时刻的输入，而与电路原来的输出无关。组合电路没有记忆功能，它只有从输入到输出的通路，没有从输出到输入的反馈回路。过去，许多常用的组合电路如编码器、译码器、数据选择器、多路分配器、数值比较器、加法器等已经由厂家制成中规模集成电路(MSI)芯片销售。可编程逻辑器件 PLD、现场可编程门阵列 FPGA 器件的出现，使中规模、大规模组合集成电路可以由用户根据需要，通过 Verilog HDL、VHDL 等硬件描述语言进行设计，最终下载到 PLD、FPGA 中，完成预定的功能。

7.1　编　码　器

将数字、文字、符号或特定含义的信息用二进制代码表示的过程称为编码。能够实现编码功能的电路称为编码器(Encoder)。

常用的中规模优先编码器有 8 线-3 线优先编码器、10 线-4 线 BCD 优先编码器等。

表 7.1 为 8 线-3 线优先编码器功能表。

表 7.1　8 线-3 线优先编码器功能表

输 入								输 出		
$\overline{I7}$	$\overline{I6}$	$\overline{I5}$	$\overline{I4}$	$\overline{I3}$	$\overline{I2}$	$\overline{I1}$	$\overline{I0}$	$\overline{Y2}$	$\overline{Y1}$	$\overline{Y0}$
0	X	X	X	X	X	X	X	0	0	0
1	0	X	X	X	X	X	X	0	0	1
1	1	0	X	X	X	X	X	0	1	0
1	1	1	0	X	X	X	X	0	1	1
1	1	1	1	0	X	X	X	1	0	0
1	1	1	1	1	0	X	X	1	0	1
1	1	1	1	1	1	0	X	1	1	0
1	1	1	1	1	1	1	0	1	1	1

用 Verilog HDL 设计的 8 线-3 线优先编码器系统模块如下：

```
module encode8_3(I, Y);
input [7:0]I;
output [2:0]Y;
reg [2:0]Y;
```

```
always@(I)
begin
if(I[7]==1'b0)
  y=3'b000;
else if(I[6]==1'b0)
  Y=3'b001;
else if(I[5]==1'b0)
  Y=3'b010;
else if(I[4]==1'b0)
  Y=3'b011;
else if(I[3]==1'b0)
  Y=3'b100;
else if(I[2]==1'b0)
  Y=3'b101;
else if(I[1]==1'b0)
  Y=3'b110;
else if(I[0]==1'b0)
  Y=3'b111;
else Y=3'bzzz;
end
endmodule
```

仿真测试模块如下：

```
`timescale 1ps/1ps
module TEST;
    // 输入
    reg [7:0] I;
    // 输出
    wire [2:0] Y;
    // 实例化被测试部件
    encode8_3 uut(
        .I(I),
        .Y(Y)
    );
    initial begin
        // 初始化输入
        I=0;
        // 为完成全局复位等待 1ps
        #1;
        // 在这里添加要仿真的内容
```

```
            #1 I=8'b01111111;
            #1 I=8'b10111111;
            #1 I=8'b11011111;
            #1 I=8'b11101111;
            #5 $stop;
        end
endmodule
```

在 Xilinx ISE13 环境下得到的 8 线-3 线优先编码器仿真波形(部分)如图 7.1 所示。

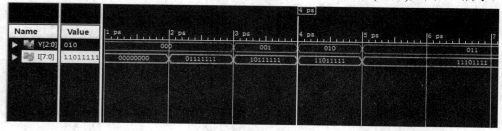

图 7.1　仿真波形(部分)

7.2　译　码　器

译码是编码的逆过程。译码器(Decoder)可分为两种类型：一种是将一系列代码转换成与之一一对应的有效信号，可称之为唯一地址译码器，它常用于计算机中对存储器单元地址的译码，即将每一个地址代码转换成一个有效信号，从而选中对应的单元；另一种是将一种代码转换成另一种代码，所以也称为代码变换器，以显示译码器最为常见。

3 线-8 线译码器是最常用的二进制译码器。表 7.2 为 3 线-8 线译码器的功能表。

表 7.2　3 线-8 线译码器的功能表

输 入						输 出							
G1	G2	G3	A2	A1	A0	Y7	Y6	Y5	Y4	Y3	Y2	Y1	Y0
x	1	x	x	x	x	1	1	1	1	1	1	1	1
x	x	1	x	x	x	1	1	1	1	1	1	1	1
0	x	x	x	x	x	1	1	1	1	1	1	1	1
1	0	0	0	0	0	1	1	1	1	1	1	1	0
1	0	0	0	0	1	1	1	1	1	1	1	0	1
1	0	0	0	1	0	1	1	1	1	1	0	1	1
1	0	0	0	1	1	1	1	1	1	0	1	1	1
1	0	0	1	0	0	1	1	1	0	1	1	1	1
1	0	0	1	0	1	1	1	0	1	1	1	1	1
1	0	0	1	1	0	1	0	1	1	1	1	1	1
1	0	0	1	1	1	0	1	1	1	1	1	1	1

用 Verilog HDL 设计的 3 线-8 线译码器系统模块如下：

```verilog
module decoder3_8(G1, G2, G3, A, Y);
input G1, G2, G3;
input [2:0] A;
output [7:0] Y;
wire G1, G2, G3;
wire [2:0] A;
    reg [7:0] Y;
    reg E23;

    always @ (A, G1, G2, G3)
        begin
            E23<=G2|G3;
            if(G1==0)
                Y<=8'b1111_1111;
            else if(E23)
                Y<=8'b1111_1111;
            else
                case(A)
                    3'b000:Y<=8'b1111_1110;
                    3'b001:Y<=8'b1111_1101;
                    3'b010:Y<=8'b1111_1011;
                    3'b011:Y<=8'b1111_0111;
                    3'b100:Y<=8'b1110_1111;
                    3'b101:Y<=8'b1101_1111;
                    3'b110:Y<=8'b1011_1111;
                    3'b111:Y<=8'b0111_1111;
                endcase
        end
endmodule
```

仿真测试模块如下：

```verilog
`timescale 1ps/1ps
module TEST;
    reg G1;
    reg G2;
    reg G3;
    reg [2:0] A;
    wire [7:0] Y;
```

```
        decoder 3_8 uut(
            .G1(G1),
            .G2(G2),
            .G3(G3),
            .A(A),
            .Y(Y)
        );

        initial begin
            G1=0;
            G2=0;
            G3=0;
            A=0;

            #1;
            G1=1;
                #1 A=3'b000;
                #1 A=3'b001;
                #1 A=3'b010;
                #1 A=3'b011;
                #1 A=3'b100;
                #1 A=3'b101;
                #1 A=3'b110;
                #1 A=3'b111;
            #5    $stop;
        end
    endmodule
```

在 Xilinx ISE13 环境下得到的 3 线-8 线译码器仿真波形(部分)如图 7.2 所示。

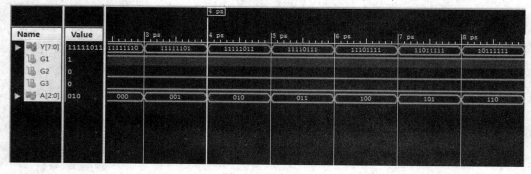

图 7.2 仿真波形

3 线-8 线译码器的一种简洁设计。源程序如下：

```
    module   ymq3_8(Y,in);
```

output[7:0]Y;
input[2:0]in;
assign Y=1'b1<<in;   //把 0000_0001 左移 in 位(从 in 端口输入的值为左移位数), 然后赋给 Y)
endmodule
Y[0]= 0000_0001,... Y[7]=1000_0000。

7.3 数据选择器

数据选择器又称为多路选择器 MUX(Multiplexer), 它有 n 位地址输入、2^n 位数据输入和 1 位输出, 在输入地址的控制下, 可从多路输入数据中选择一路输出。

用 Verilog HDL 设计的 32 选 1 数据选择器系统模块如下:

```
module mux32_to_1(out, I, s4, s3, s2, s1, s0);
output out;
input [31:0]I;
input s4, s3, s2, s1, s0;
reg out;
always@(*)
begin
    case({s4, s3, s2, s1, s0})
    5'b00000:out=I[0];
    5'b00001:out=I[1];
    5'b00010:out=I[2];
    5'b00011:out=I[3];
    5'b00100:out=I[4];
    5'b00101:out=I[5];
    5'b00110:out=I[6];
    5'b00111:out=I[7];
    5'b01000:out=I[8];
    5'b01001:out=I[9];
    5'b01010:out=I[10];
    5'b01011:out=I[11];
    5'b01100:out=I[12];
    5'b01101:out=I[13];
    5'b01110:out=I[14];
    5'b01111:out=I[15];
    5'b10000:out=I[16];
    5'b10001:out=I[17];
    5'b10010:out=I[18];
    5'b10011:out=I[19];
```

```
            5'b10100:out=I[20];
            5'b10101:out=I[21];
            5'b10110:out=I[22];
            5'b10111:out=I[23];
            5'b11000:out=I[24];
            5'b11001:out=I[25];
            5'b11010:out=I[26];
            5'b11011:out=I[27];
            5'b11100:out=I[28];
            5'b11101:out=I[29];
            5'b11110:out=I[30];
            5'b11111:out=I[31];
            default: out=1'bx;
        endcase
    end
endmodule
```

在组合逻辑设计中，需要在敏感信号列表中包含所有的组合逻辑输入信号，以免产生锁存器。在大型的组合逻辑中比较容易遗忘一些敏感信号，因此在 Verilog—2001 中可以使用@* 包含所有的输入信号作为敏感信号。

仿真测试模块如下：

```
`timescale 1ps/1ps
module TEST;
    // 输入
    reg [31:0] I;
    reg s4;
    reg s3;
    reg s2;
    reg s1;
    reg s0;

    // 输出
    wire out;

    // 实例化被测试部件
    mux32_to_1 uut(
        .out(out),
        .I(I),
        .s4(s4),
        .s3(s3),
        .s2(s2),
```

```
            .s1(s1),
            .s0(s0)
        );
        initial begin
            //初始化输入
            I=0;
            s4=0;
            s3=0;
            s2=0;
            s1=0;
            s0=0;

            // 为完成全局复位等待 1ps
            #1;
            I=32'b1010111;
            // 在这里添加要仿真的内容
        #2 {s4, s3, s2, s1, s0}=5'b0;
        #2 {s4, s3, s2, s1, s0}=5'b1;
        #2 {s4, s3, s2, s1, s0}=5'b10;
        #2 {s4, s3, s2, s1, s0}=5'b11;
        #5 {s4, s3, s2, s1, s0}=5'b11111;
        #2 $stop;
            end
        endmodule
```

在 Xilinx ISE13 环境下得到的仿真波形(部分)如图 7.3 所示。

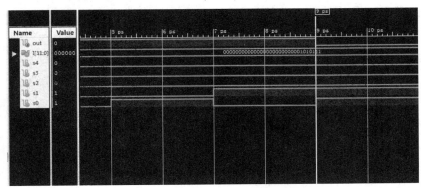

图 7.3 仿真波形

7.4 数据分配器

数据分配器又称为多路分配器(DEMUX)，其功能与数据选择器相反，即将一路输入数据，根据 n 位地址送入 2^n 个数据输出端。

用 Verilog HDL 设计的 1 路输入到 32 路输出数据分配器系统模块如下：

```verilog
module DEMUX1_to_32(out, I, s4, s3, s2, s1, s0);
output [31:0] out;
input I;
input s4, s3, s2, s1, s0;
reg [31:0] out;

always @(*)
begin
    case({s4, s3, s2, s1, s0})
        5'b00000:out[0]=I;
        5'b00001:out[1]=I;
        5'b00010:out[2]=I;
        5'b00011:out[3]=I;
        5'b00100:out[4]=I;
        5'b00101:out[5]=I;
        5'b00110:out[6]=I;
        5'b00111:out[7]=I;
        5'b01000:out[8]=I;
        5'b01001:out[9]=I;
        5'b01010:out[10]=I;
        5'b01011:out[11]=I;
        5'b01100:out[12]=I;
        5'b01101:out[13]=I;
        5'b01110:out[14]=I;
        5'b01111:out[15]=I;
        5'b10000:out[16]=I;
        5'b10001:out[17]=I;
        5'b10010:out[18]=I;
        5'b10011:out[19]=I;
        5'b10100:out[20]=I;
        5'b10101:out[21]=I;
        5'b10110:out[22]=I;
        5'b10111:out[23]=I;
        5'b11000:out[24]=I;
        5'b11001:out[25]=I;
        5'b11010:out[26]=I;
        5'b11011:out[27]=I;
```

```
            5'b11100:out[28]=I;
            5'b11101:out[29]=I;
            5'b11110:out[30]=I;
            5'b11111:out[31]=I;
            default:out=1'b1;

        endcase
    end
endmodule
```
测试模块如下：
```
`timescale 1ps/1ps
module test6;

// 输入
reg I;
reg s4;
reg s3;
reg s2;
reg s1;
reg s0;

// 输出
wire [31:0] out;

// 实例化被测试部件
DEMUX1_to_32 uut(
    .out(out),
    .I(I)
    .s4(s4),
    .s3(s3),
    .s2(s2),
    .s1(s1),
    .s0(s0),
);

initial begin
    // 初始化输入
    I=0;
    s4=0;
```

```
            s3=0;
            s2=0;
            s1=0;
            s0=0;

            // 为完成全局复位等待 2ps
            #2
            // 在这里添加要仿真的内容
            I=1;
        #1  {s4, s3, s2, s1, s0}=5'b11111;
        #1  {s4, s3, s2, s1, s0}=5'b11110;
        #1  {s4, s3, s2, s1, s0}=5'b00010;
        #1  {s4, s3, s2, s1, s0}=5'b00011;
        #1  {s4, s3, s2, s1, s0}=5'b00100;
        #5  $ stop;
           end

        endmodule
```

在 Xilinx ISE13 环境下得到的 1 路输入到 32 路输出数据分配器仿真波形(部分)如图 7.4 所示。

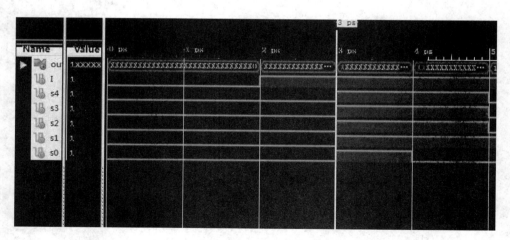

图 7.4 仿真波形(部分)

7.5 数值比较器

在数字电路中,数值比较器是对两个位数相同的二进制数 A 和 B 的大小进行比较的一种组合逻辑电路。比较的结果有三种情况:A > B,A < B,A = B。

比较器 1 用 Verilog HDL 建模，对两个 4 位二进制数 A 和 B 的大小进行比较。

```
module comparator(A, B, R);
input [3:0] A;
input [3:0] B;
output [1:0] R;
reg D;
always @(B) begin
if(A>B)
begin
D=2'b01;
end
else
if(A<B)begin
D=2'b10;
end
else
begin D=2'b11;
end
end
assign R=D;
endmodule
```

比较器 2 用 Verilog HDL 建模，对两个 32 位二进制数 A 和 B 的大小进行比较。

```
module comp_32(A_gt_B, A_lt_B, A_eq_B, A, B);
parameter size=32;
input [size −1:0] A, B;
output A_gt_B, A_lt_B, A_eq_B;
assign A_gt_B=(A>B);
assign A_lt_B=(A<B);
assign A_eq_B=(A=B);
endmodule
```

7.6 通过 EPM240 开发板验证组合电路

EPM240 开发板第 1 个数码管在 A、B、C 按键控制下静态显示 0~7。

七段数码管：a1=对应器件 91，b1=对应器件 92，c1=对应器件 95，d1=对应器件 96，e1=对应器件 97，f1=对应器件 98，g1=对应器件 99。电平为 1，该段亮。

4 个数码管选择：SEG1(dis1)对应器件 1 脚，SEG2(dis2)对应器件 2 脚，SEG3(dis3)对应器件 3 脚，SEG4(dis4)对应器件 4 脚。assign dis1=1;   //禁止第 1 个数码管。

A=K1 对应器件 62 脚，B=K2 对应器件 53 脚，C=K3 对应器件 52 脚。

```
module liu0903(a1,b1,c1,d1,e1,f1,g1,A,B,C,dis2,dis3,dis4);   //通过按键 A,B,C 控制数码管显示
output a1,b1,c1,d1,e1,f1,g1,dis2,dis3,dis4;   //说明输出
input A,B,C;                                  //说明输入
reg    a1,b1,c1,d1,e1,f1,g1;        /*a1,b1,c1,d1,e1,f1,g1 要在行为描述方式中赋值，
                                      必须说明成寄存器类型 reg */
assign dis2=1;
assign dis3=1;
assign dis4=1;                  //选中第 1 个数码管 dis1
always    @(A or B or C)     //行为描述，事件 A or B or C 发生变化，执行块语句 begin…end
begin
case({A,B,C})                //通过 case 语句，列出事件发生的各种情况
3'd0:{a1,b1,c1,d1,e1,f1,g1}=7'b1111110;
3'd1:{a1,b1,c1,d1,e1,f1,g1}=7'b0110000;
3'd2:{a1,b1,c1,d1,e1,f1,g1}=7'b1101101;
3'd3:{a1,b1,c1,d1,e1,f1,g1}=7'b1111001;
3'd4:{a1,b1,c1,d1,e1,f1,g1}=7'b0110011;
3'd5:{a1,b1,c1,d1,e1,f1,g1}=7'b1011011;
3'd6:{a1,b1,c1,d1,e1,f1,g1}=7'b1011111;
3'd7:{a1,b1,c1,d1,e1,f1,g1}=7'b1110000;
default: {a1,b1,c1,d1,e1,f1,g1}=7'bx;
endcase
end
endmodule
```

思考与习题

1．用 Verilog HDL 设计一个 32 选 1 数据选择器电路。

2．用 Verilog HDL 设计一个路灯控制电路，要求在四个不同的地方都能独立地控制路灯的亮灭。设开关向下为"1"，向上为"0"，输出"1"灯亮，反之灯灭。

3．用 Verilog HDL 设计 5 线-32 线译码器。

4．用 Verilog HDL 设计一个 32 路比较器。

第 8 章 时序电路设计实例

在时序逻辑电路中,任一个时刻的输出不仅与该时刻输入变量的取值有关,而且与决定电路原状态的过去输入情况有关。时序电路通常包含组合逻辑电路和由触发器组成的存储电路两部分。按照状态变化的特点,时序电路分为同步时序电路和异步时序电路。在同步时序逻辑电路中,电路状态的变化在同一时钟脉冲的作用下发生,即各个触发器状态的转换同步完成。在异步时序电路中,触发器不使用同一个时钟脉冲信号源,即各个触发器状态的转换异步完成。

8.1 序列检测器

检测器有一个输入端 a 和一个输出端 p。被检测的信号为二进制序列串行输入,当连续出现 4 个 1 时,输出为 1,其余情况均输出为 0。如:

a:1101111110110
p:0000001110000

思路 1 用 Verilog HDL 设计的序列检测器源文件如下:

```
module check(p, a, CK);

output p;
reg p;
input a, CK;
integer i;
initial
i=0;
always @(negedge CK)
begin
if(a==0)
i=0;
else
i=i+1;
if(i>=4)
p=1;
else
p=0;
```

```
        end
    endmodule
```

仿真测试模块如下：

```
`timescale 1ps/1ps
module test71;

    // 输入
    reg a;
    reg CK;

    // 输出
    wrie p

    // 实例化被测试部件
    check uut(
        .p(p),
        .a(a),
        .CK(CK)
    );
alwasy  #1 CK=~CK;
    initial begin
        // 初始化输入
        a=0;
        CK=0;

        // 为完成全局复位等待 5ps
        #5;

        // 在这里添加要仿真的内容
a=1;
#4 a=0;
#2 a=1;
#12 a=0;
#2 a=1;
#4 a=0;
   #60 $stop;
      end

endmodule
```

在 Xilinx ISE13 环境下得到的仿真波形(部分)如图 8.1 所示。

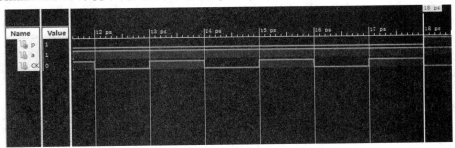

图 8.1 仿真波形

仿真时设计的 ABEL-HDL 测试向量源文件如下：

module testjiance;

c,x=.c.,.x.;

CK,p,a PIN ;

TEST_VECTORS

([CK,a]->[p])

[c,1]->[x];

[c,1]->[x];

[c,0]->[x];

[c,1]->[x];

[c,1]->[x];

[c,1]->[x];

[c,1]->[x];

[c,1]->[x];

[c,1]->[x];

[c,0]->[x];

[c,1]->[x];

[c,1]->[x];

[c,0]->[x];

END

在 Lattice 公司的 EDA 开发软件环境下得到的仿真波形如图 8.2 所示。

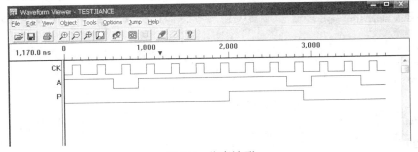

图 8.2 仿真波形

思路 2 采用 if…begin…end…else…思路编写源文件，并使用 ModelSim 进行仿真。

```verilog
module seg_check(i, clk, z);
input i;
input clk;
output z;
reg z;
reg [2:0] num;

always @(posedge clk)
begin
  if(i==1)
  begin
    num=num+1;
    if(num==4)
    begin
      num=3;
      z=1;
    end
  end

  else
  begin
    num=0;
    z=0;
  end

end
endmodule
```

测试模块如下：

```verilog
`timescale 1us/100ns
module seq_sim;

reg i, clk;
wire sout;

initial
begin
  #0      clk= 0;
```

```
        #0      i = 0

        //  X:1101111110110
        #10     i = 1;
        #20     i = 0;
        #10     i = 1;
        #60     i = 0;
        #10     i = 1;
        #20     i = 0;
        #10 $finish;
    end

    // system clk T=10us
    always
    begin
      #5 clk=~clk;
    end

    seq_check SEQSIM(i, clk, sout);

endmodule
```

用 ModelSim 得到的仿真波形如图 8.3 所示。

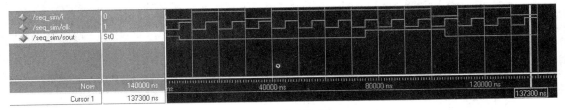

图 8.3 序列检测

思路 3 这是一个涉及时序电路的模块,并且与状态机有关,下面采用三段式状态机的方法编写源文件。

```
module list_check(x, z, rst_n, clk);         // 1111 list check

input x, rst_n, clk;
output reg z;

reg[4:0] current_state, next_state;

parameter A=5'b00001, B=5'b00010, C=5'b00100, D=5'b01000, E=5'b10000;
```

```verilog
always@(posedge clk, negedge rst_n)
begin
  if(!rst_n)
    current_state<=A;
  else
    current_state<=next_state;
end

always@*
begin
  case(current_state)

    A: begin
      if(x)
        next_state=B;
      else
        next_state=A;
    end

    B: begin
      if(x)
        next_state=C;
      else
        next_state=A;
    end

    C: begin
      if(x)
        next_state=D;
      else
        next_state=A;
    end

    D: begin
      if(x)
        next_state=E;
      else
        next_state=A;
```

```
            end

        E: begin
            if(x)
                next_state=E;
            else
                next_state=A;
            end
    endcase
end

always@(posedge clk, negedge rst_n)
begin
    if(!rst_n)
        z<=0;
    else
        case(current_state)

            A: begin
                if(x)
                    z<=0;
                else
                    z<=0;
            end

            B: begin
                if(x)
                    z<=0;
                else
                    z<=0;
            end

            C: begin
                if(x)
                    z<=0;
                else
                    z<=0;
            end
```

```verilog
            D: begin
                if(x)
                    z<=1;
                else
                    z<=0;
            end

            E: begin
                if(x)
                    z<=1;
                else
                    z<=0;
            end
        endcase
    end

endmodule
```

思路 4 采用状态机思路编写源文件,并用 Lattice 公司的 EDA 开发软件进行仿真。

```verilog
module sequence (X, Z, clock, state);
    input X;
    input clock;
    output Z;
    output [1:0] state;
    reg [1:0] state;
    reg Z;
    parameter
    A=2'b00,
    B=2'b01,
    C=2'b10,
    D=2'b11;

        initial state=A;

    always @(posedeg clock)

        case(state)
        A: if(X)
            begin
                state<=B;
```

```verilog
            Z<=0;
        end
    else
        begin
            state<=A;
            Z<=0;
        end
B: if(X)
    begin
        state<=C;
        Z<=0;
    end
else
    begin
        state<=A;
        Z<=0;
    end
C: if(X)
    begin
        state<=D;
        Z<=0;
    end
else
    begin
        state<=A;
        Z<=0;
    end

D: if(X)
    begin
            state<=D;
        Z<=1;
    end
else
    begin
        state<=A;
        Z<=0;
    end
default: state<=2'bxx;
```

         endcase
    endmodule

在 Lattice 公司的 EDA 开发软件环境下得到的仿真波形如图 8.4 所示。

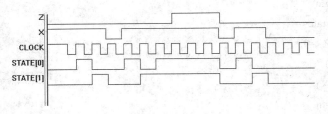

图 8.4　仿真波形序列

8.2　脉冲分配器

脉冲分配器的状态图如图 8.5 所示。脉冲分配器电路能在时钟脉冲的作用下按顺序轮流地输出脉冲信号，即将脉冲信号按顺序分配到 W0、W1、W2、W3 各个输出端。

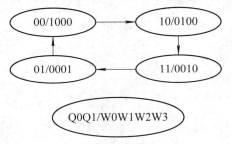

图 8.5　脉冲分配器的状态图

参考 5.2.2 小节设计脉冲分配器的源文件如下：

```
module m_ch(clk, res, W0, W1, W2, W3, currentState);
input clk, res;
output   W0, W1, W2, W3;
output [1:0] currentState;
reg   W0, W1, W2, W3;
reg   [1:0] currentState, nextState;
parameter   [1:0]A=0,
                 B=2,
                 C=3,
                 D=1;                // 状态标识和赋值
    always @(currentState)
    case(currentState)
      A: begin
          nextState=B;
        W0=1;
```

```verilog
            W1=0;
            W2=0;
            W3=0;
         end
      B: begin
            nextState=C;
            W0=0;
            W1=1;
            W2=0;
            W3=0;
         end
      C: begin
            nextState=D;
            W0=0;
            W1=0;
            W2=1;
            W3=0;
         end
      D: begin
            nextState=A;
            W0=0;
            W1=0;
            W2=0;
            W3=1;
         end
      default: begin
            nextState=A;
            W0=1;
            W1=0;
            W2=0;
            W3=0;
         end
   endcase
   always@(posedge clk or negedge res)
      if(~res)                        // res 为低电平时复位
         currentState<=A;
      else
         currentState<=nextState;
endmodule
```

仿真测试模块如下：

```verilog
`timescale 1ps/1ps
module test_m_ch;

    // 输入
    reg clk;
    reg res;

    // 输出
    wire W0;
    wire W1;
    wire W2;
    wire W3;
    wire [1:0] currentState;

    // 实例化被测试部件
    m_ch uut (
        .clk(clk),
        .res(res),
        .W0(W0),
        .W1(W1),
        .W2(W2),
        .W3(W3),
        .currentState(currentState)
    );
always #1 clk=~clk;
    initial begin
      // Initialize Inputs
      clk=0;
      res=0;

        // 为完成全局复位等待 10ps
        #10;

        // 在这里添加要仿真的内容
res=1;
#100 $stop;
    end
endmodule
```

在 Xilinx ISE13 环境下得到的仿真波形(部分)如图 8.6 所示。

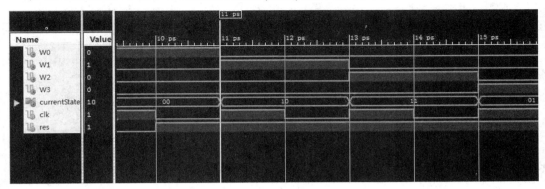

图 8.6 脉冲分配器

8.3 8 路抢答器

player_8 为 8 路抢答器抢答输入端；flag 为确定哪个抢答器为首先抢答标志；cnt_7 为计时器数码管输出端；rst 为异步复位端，下降沿复位；en 为使能端，高电平有效；clklk 为 1 kHz 时钟输入端。

抢答时间的分辨率为 1 ms，可以分辨出 8 路抢答器中抢答的先后顺序。为了使程序设计简洁，并且容易读懂，我们采用有限状态机的编写方法。

8 路抢答器的源文件如下：

```
module Responder(player_8, flag, cnt_7, rst, en, clklk);

parameter       tmr=4'd5,
                start=2'b00,
                counter=2'b01,
                pause=2'b10,
                stop=2'b11;

input [7:0] player_8;
input       rst, en, clklk;

output [7:0] flag;
output [6:0] cnt_7;

reg [7:0] flag;
reg [6:0] cnt_7;
reg [4:0] i, j;
reg [4:0] tmr_1;
```

```verilog
reg [1:0] state;

always @(posedge clklk or posedge rst)
if (rst==1'b1)
    state<=start;
else
    case(state)
        start: if(en==1'b1)
                state<=counter;
            else
                begin
                    flag<=8'b0;
                    tmr_1<=tmr;
                    case(tmr)
                        4'd0:cnt_7<=7'b1111110;
                        4'd1:cnt_7<=7'b0110000;
                        4'd2:cnt_7<=7'b1101101;
                        4'd3:cnt_7<=7'b1111001;
                        4'd4:cnt_7<=7'b0110011;
                        4'd5:cnt_7<=7'b1011011;
                        4'd6:cnt_7<=7'b1011111;
                        4'd7:cnt_7<=7'b1110000;

                        default: cnt_7<=7'b0;
                    endcase
                    i<=5'd0;
                    j<=5'd0;
                end
        counter: if(player_8 !=8'b0)
                begin
                    flag<=player_8;
                    state<=pause;
                end
            else if(tmr_1==5'd0)
                state<=stop;
            else
                begin
                    case(tmr_1)
                    4'd0:cnt_7<=7'b1111110;
```

```
                    4'd1:cnt_7<=7'b0110000;
                    4'd2:cnt_7<=7'b1101101;
                    4'd3:cnt_7<=7'b1111001;
                    4'd4:cnt_7<=7'b0110011;
                    4'd5:cnt_7<=7'b1011011;
                    4'd6:cnt_7<=7'b1011111;
                    4'd7:cnt_7<=7'b1110000;
                    4'd8:cnt_7<=7'b1111111;
                    4'd9:cnt_7<=7'b1111011;
                    default: cnt_7<=7'b0;
                endcase
                if(clklk==1'b1)
                    if(i==5'd31)
                        begin
                            tmr_1<=tmr_1-5'd1;
                            i<=5'd0;
                        end
                else if(j==5'd31)
                        begin
                            i<=i+5'd1;
                            j<=5'd0;
                        end
                else
                        j<=j+5'd1;
                end
            pause:;

            stop :begin
                    flag<=8'b0;
                    cnt_7<=7'b1111110;
                end
            default: state<=start;
            endcase
endmodule
```

8.4 数 字 跑 表

设计一个数字跑表，该跑表具有复位、暂停、秒表计时等功能。首先对数字跑表进行结构和功能的划分。跑表设置三个输入端，分别为时钟输入(CLK)、复位(CLR)和启动/暂停

(STOP)按键。复位信号(CLR)当出现高电平时复位，可对跑表异步清零。当启动/暂停为低电平时，开始计时；为高电平时，计时暂停，再次变为低电平后在原来的数值基础上继续计数。数字跑表示意图如图 8.7 所示。

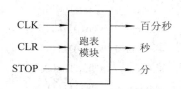

图 8.7 数字跑表示意图

模块中各信号含义说明如下：
BSH、BSL：百分秒的高位和低位。
SH、SL：秒信号的高位和低位。
MH、ML：分钟信号的高位和低位。
数字跑表模块的源文件如下：

```verilog
module pb_time(CLK,CLR,STOP,BSH,BSL,SH,SL,MH,ML);
input CLK,CLR;
input STOP;
output [3:0] BSH,BSL,SH,SL,MH,ML;
reg [3:0] BSH,BSL,SH,SL,MH,ML;
reg BS_TO_S,S_TO_M;          //BS_TO_S 为百分秒向秒的进位，S_TO_M 为秒向分的进位
// 完成百分秒计数，每计满 100，BS_TO_S 产生一个秒进位
always @(posedge CLK or posedge CLR)
begin
if (CLR) begin               //当在百分秒计数阶段 CLR 出现上沿时，复位
{ BSH,BSL}<=8'h00;           //BSH 高位，BSL 低位归 0
BS_TO_S<=0;                  //向秒进位归 0
end
else if (!STOP)              //否则，如果 STOP 为 0，则正常计数，为 1 时停止计数
begin
if (BSL==9) begin            //如果 BSL 低位为 9
BSL<=0;                      //BSL 低位回 0
if (BSH==9)                  //如果 BSH 高位也为 9
begin BSH<=0; BS_TO_S<=1; end   //BSH 高位回 0，向秒进位
else BSH<= BSH+1;            //否则，高位加 1
end
else begin BSL<=BSL+1; BS_TO_S<=0;  end   //否则，低位加 1，向秒无进位
end
end
// 完成秒计数，每计满 60 秒，S_TO_M 产生一个分进位
```

```verilog
always @(posedge BS_TO_S or posedge CLR)
begin
if (CLR) begin                                    //如果在秒计数阶段 CLR 出现上沿，则复位
{SH,SL}<=8'h00;                                   //SH 高位，SL 低位归 0
S_TO_M<=0;                                        //向分进位位归 0
end
else if (SL==9)                                   //否则，如果秒计数低位为 9
begin
SL<=0;                                            //秒计数 SL 低位回 0
if (SH==5) begin SH<=0;S_TO_M<=1; end             //如果秒计数高位为 5，则高位回 0，产生向分进位
else SH<=SH+1;                                    //否则，秒计数高位加 1
end
else begin SL<=SL+1; S_TO_M<=0; end               //否则，秒计数低位加 1，向分无进位
end
// 完成分钟计数，每计满 60，即 1 小时，系统自动清零
always @(posedge S_TO_M or posedge CLR)
begin
if(CLR) begin {MH,ML}<=8'h00; end                 //如分钟计数阶段 CLR 出现上沿，则复位，分计数置 0
else if(ML==9) begin                              //否则，如果分计数低位为 9
ML<=0;                                            //分计数低位归 0
if(MH==5) MH<=0;                                  //如果分计数高位为 5，则高位归 0
else MH<=MH+1;                                    //否则，分计数高位加 1
end
else ML<=ML+1;                                    //否则，分计数低位加 1
end
endmodule
```

测试模块

```verilog
`timescale 1ps / 1ps
module pb_timeTEST;
            //输入
            reg CLK;
            reg CLR;
            reg STOP;
            //输出
            wire [3:0] BSH;
            wire [3:0] BSL;
            wire [3:0] SH;
            wire [3:0] SL;
            wire [3:0] MH;
```

```
                    wire [3:0] ML;
                    //实例化被测试部件
                    pb_time uut (
                            .CLK(CLK),
                            .CLR(CLR),
                            .STOP(STOP),
                            .BSH(BSH),
                            .BSL(BSL),
                            .SH(SH),
                            .SL(SL),
                            .MH(MH),
                            .ML(ML)
                            );
        always #1 CLK=~CLK;
                        initial begin
                            //初始化输入
                            CLK = 0;
                            CLR = 0;
                            STOP = 0;
                            //为完成全局复位等待 1ns
        #1      CLR = 1;
        #1      CLR =0 ;

        #720004    $stop;
        end


        endmodule
```

在 Xilinx ISE13 环境下得到的仿真波形(部分)如图 8.8 所示。

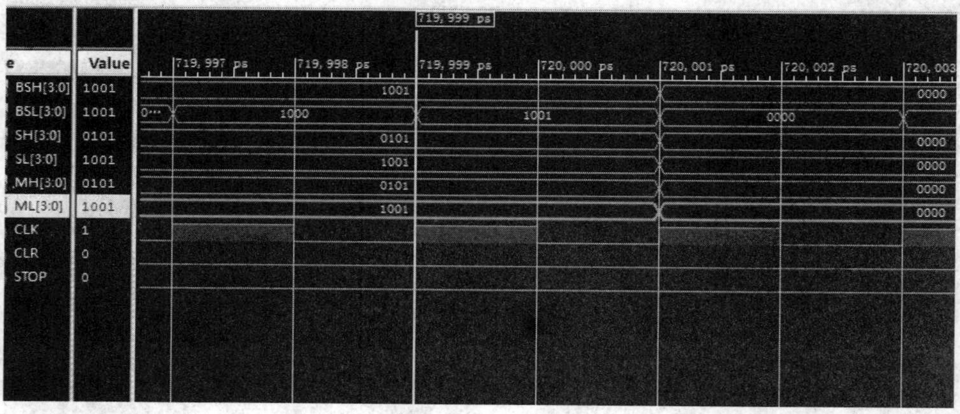

图 8.8 跑表仿真波形(部分)

8.5 交通灯控制系统

用 LAMPA0~LAMPA2 分别控制 A 方向的绿灯、黄灯和红灯的亮灭；LAMPB0~LAMPB2 分别控制 B 方向的绿灯、黄灯和红灯的亮灭；ADISPLAY 代表 A 方向灯的倒计时时间，8 位，通过两个数码管进行显示；BDISPLAY 代表 B 方向灯的倒计时时间，8 位，通过两个数码管进行显示。

交通灯控制系统模块如下：

```verilog
`timescale 1ps / 1ps
module    jtdkzh(CLK,EN,LAMPA,LAMPB, ADISPLAY, BDISPLAY,a,b,c,d,e,f,g);
output    [7:0] ADISPLAY, BDISPLAY;
output    [2:0] LAMPA,LAMPB;
output    [3:0] a,b,c,d,e,f,g;
input     CLK,EN;                    // 设 CLK 时钟周期为 1s
reg       [7:0] numa,numb;           // 与 ADISPLAY, BDISPLAY 有关的内部信号
reg       tempa,tempb;               // 内部信号，分别代表 A 方向、B 方向
reg       [1:0] counta,countb;       /* 内部信号，A 方向的绿灯、黄灯和红灯哪个亮，B 方向的绿
                                        灯、黄灯和红灯哪个亮 */
reg       [5:0] ared,ayellow,agreen, bred,byellow,bgreen;  /* 内部信号，分别代表 A 方向的红灯、黄
                                                              灯和绿灯，B 方向的红灯、黄灯和绿灯 */
reg       [2:0] LAMPA,LAMPB;         /* 控制 A 方向的绿灯、黄灯和红灯的亮灭；控制 B 方向的绿
                                        灯、黄灯和红灯的亮灭 */
reg       [3:0] a,b,c,d,e,f,g;       // 控制数码管 7 个段

always @(EN)
  if(!EN)
    begin                            // 按 A、B 街道车流量，给各种灯的计数器设置时长，采用 BCD 码格式
      ared     <=8'b00110000;        // 30s
      ayellow  <=8'b00000101;        // 5s
      agreen   <=8'b00100101;        // 25s
      bred     <=8'b00110000;        // 30s
      byellow  <=8'b00000101;        // 5s
      bgreen   <=8'b00100101;        // 25s
    end
assign    ADISPLAY =numa;            // A 方向 8 位数码管实时输出
assign    BDISPLAY =numb;            // B 方向 8 位数码管实时输出
// 控制 A 方向的三种灯
always @(posedge CLK)
```

```verilog
         begin
          if(EN)                        // ◆ 如果使能 EN 有效，则交通灯开始工作
           begin
            if(!tempa)                  // ● 如果 tempa 为 0，则控制 A 方向亮灯的顺序
             begin
              tempa<=1;                 // tempa 置 1
              case(counta)              // 控制 A 方向亮灯的顺序
               0:  begin numa<= agreen; LAMPA<=1; counta<=1; end  // 绿灯亮；输出 0001；进入下一状态 1
               1:  begin numa<=ayellow; LAMPA<=2; counta<=2; end// 黄灯亮；输出 0010；进入下一状态 1
               2:  begin numa<= ared; LAMPA<=4; counta<=0; end    // 红灯亮；输出 0100；进入下一状态 1
               default:           LAMPA<=1;
              endcase
             end
            else  begin                 // ● 否则，tempa 为 1，倒计时
                  if(numa>=1)           // 如果倒计时未归 0，则分别对高位、低位递减
              if(numa[3:0]==0) begin    // ★ 如果低位为 0
               numa[3:0]<=4'b1001;      // 低位置为 9
               numa[7:4]<=numa[7:4]-1;  // 高位减 1
              end
              else      numa[3:0]<=numa[3:0]-1;    // ★ 否则，低位减 1
               if (numa==0)   tempa<=0;  /* 如果 numa=0，则置 tempa 为 0，返回亮灯的顺序，将进入下
                                           一轮亮灯的顺序 */
             end
           end
          else  begin                   // ◆ 否则，使能无效，红灯亮
           LAMPA<=4'b0100;
           counta<=0;                   // 返回方向 A 的状态 0(绿灯亮状态)
           tempa<=0;                    // 进入 A 方向亮灯的顺序判断
                end
         end
// 控制 B 方向的三种灯，注释与 A 方向的三种灯类似
 always @(posedge CLK)
  begin
   if (EN)
    begin
     if(!tempb)
      begin
       tempb<=1;
       case (countb)                    // 控制 B 方向亮灯的顺序
```

第 8 章　时序电路设计实例

```
0:      begin numb<=bred;       LAMPB<=4; countb<=1; end
1:      begin numb<=bgreen;     LAMPB<=1; countb<=2; end
2:      begin numb<=byellow;    LAMPB<=2; countb<=0; end
default:                LAMPB<=4;
    endcase
    end
 else                       // 否则，tempb 为 1，倒计时
   begin
    if(numb>=1)
      if(!numb[3:0])    begin
numb[3:0]<=9;
numb[7:4]<=numb[7:4]-1;
end
else    numb[3:0]<=numb[3:0]-1;
if(numb==0)   tempb<=0;
    end
   end
 else   begin
LAMPB<=4'b0100;
tempb<=0;    countb<=0;
end
    end
// A 方向倒计时显示(B 方向倒计时显示类似，此处省略)
always@(ADISPLAY)
begin
case(ADISPLAY[7:4])
4'b0000:{a[1],b[1],c[1],d[1],e[1],f[1],g[1]}=7'b1111110;
4'b0001:{a[1],b[1],c[1],d[1],e[1],f[1],g[1]}=7'b0110000;
4'b0010:{a[1],b[1],c[1],d[1],e[1],f[1],g[1]}=7'b1101101;
4'b0011:{a[1],b[1],c[1],d[1],e[1],f[1],g[1]}=7'b1111001;
4'b0100:{a[1],b[1],c[1],d[1],e[1],f[1],g[1]}=7'b0110011;
4'b0101:{a[1],b[1],c[1],d[1],e[1],f[1],g[1]}=7'b1011011;
4'b0110:{a[1],b[1],c[1],d[1],e[1],f[1],g[1]}=7'b1011111;
4'b0111:{a[1],b[1],c[1],d[1],e[1],f[1],g[1]}=7'b1110000;
4'b1000:{a[1],b[1],c[1],d[1],e[1],f[1],g[1]}=7'b1111111;
4'b1001:{a[1],b[1],c[1],d[1],e[1],f[1],g[1]}=7'b1111011;
default:{a[1],b[1],c[1],d[1],e[1],f[1],g[1]}=7'bx;

    endcase
```

```
            end
            always@(ADISPLAY)
            begin
            case(ADISPLAY[3:0])
            4'b0000:{a[0],b[0],c[0],d[0],e[0],f[0],g[0]}=7'b1111110;
            4'b0001:{a[0],b[0],c[0],d[0],e[0],f[0],g[0]}=7'b0110000;
            4'b0010:{a[0],b[0],c[0],d[0],e[0],f[0],g[0]}=7'b1101101;
            4'b0011:{a[0],b[0],c[0],d[0],e[0],f[0],g[0]}=7'b1111001;
            4'b0100:{a[0],b[0],c[0],d[0],e[0],f[0],g[0]}=7'b0110011;
            4'b0101:{a[0],b[0],c[0],d[0],e[0],f[0],g[0]}=7'b1011011;
            4'b0110:{a[0],b[0],c[0],d[0],e[0],f[0],g[0]}=7'b1011111;
            4'b0111:{a[0],b[0],c[0],d[0],e[0],f[0],g[0]}=7'b1110000;
            4'b1000:{a[0],b[0],c[0],d[0],e[0],f[0],g[0]}=7'b1111111;
            4'b1001:{a[0],b[0],c[0],d[0],e[0],f[0],g[0]}=7'b1111011;
            default:{a[0],b[0],c[0],d[0],e[0],f[0],g[0]}=7'bx;

            endcase
            end
            endmodule
```

测试模块如下：

```
            `timescale 1ps / 1ps
            module jtdkzh_test01;

                // 输入
                reg CLK;
                reg EN;

                // 输出
                wire [2:0] LAMPA;
                wire [2:0] LAMPB;
                wire [7:0] ADISPLAY;
                wire [7:0] BDISPLAY;
                wire [3:0] a;
                wire [3:0] b;
                wire [3:0] c;
                wire [3:0] d;
                wire [3:0] e;
                wire [3:0] f;
                wire [3:0] g;
```

```verilog
// 实例化被测试部件
jtdkzh uut (
    .CLK(CLK),
    .EN(EN),
    .LAMPA(LAMPA),
    .LAMPB(LAMPB),
    .ADISPLAY(ADISPLAY),
    .BDISPLAY(BDISPLAY),
    .a(a),
    .b(b),
    .c(c),
    .d(d),
    .e(e),
    .f(f),
    .g(g)
);
always #1 CLK = ~CLK;
    initial begin
        // 初始化输入
        CLK = 0;
        EN = 0;
        // 为完成全局复位等待 10ps
#10    EN =1 ;
#1000 $stop;
    end
endmodule
```

在 Xilinx ISE13 环境下得到的测试仿真波形(部分)如图 8.9 所示。

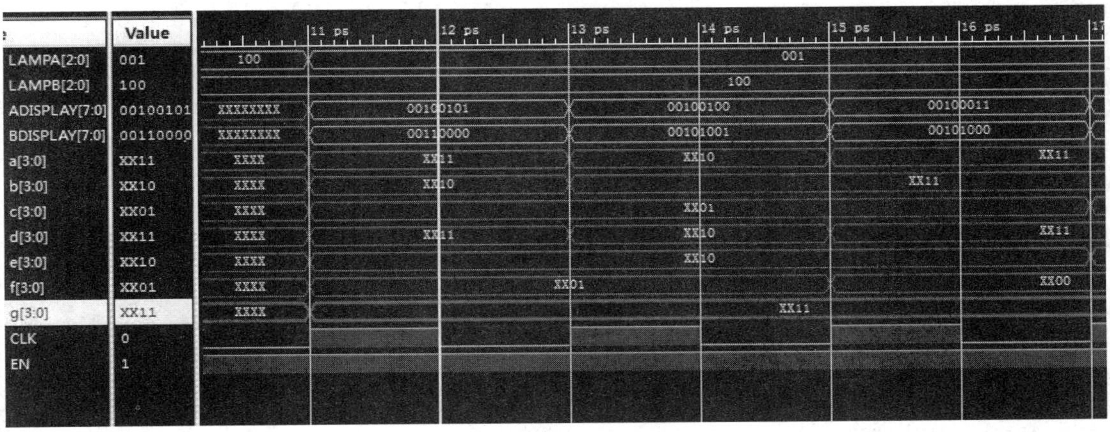

信号	Value	11 ps	12 ps	13 ps	14 ps	15 ps	16 ps
LAMPA[2:0]	001	100				001	
LAMPB[2:0]	100					100	
ADISPLAY[7:0]	00100101	XXXXXXXX	00100101	00100100		00100011	
BDISPLAY[7:0]	00110000	XXXXXXXX	00110000	00110001		00101000	
a[3:0]	XX11	XXXX	XX11	XX10			XX11
b[3:0]	XX10	XXXX	XX10			XX11	
c[3:0]	XX01	XXXX		XX01			
d[3:0]	XX11	XXXX	XX11	XX10			XX11
e[3:0]	XX10	XXXX		XX10			
f[3:0]	XX01	XXXX		XX01			XX00
g[3:0]	XX11	XXXX			XX11		
CLK	0						
EN	1						

图 8.9　交通灯控制系统测试波形(部分)

测试仿真波形分析：ADISPLAY[7:0]行与竖线交叉处为 00100101，即 25，A 方向绿灯倒计时开始。此时，A 方向的两个数码管中代表低位的数码管 a[0]b[0]c[0]d[0]e[0]f[0]g[0] = 1011011，即 5；代表高位的数码管 a[1]b[1]c[1]d[1]e[1]f[1]g[1]= 1101101，即 2。在 ADISPLAY[7:0]行竖线交叉处向右的下一个时钟周期，变为 00100100，即 24，A 方向绿灯倒计时 25-1。此时，A 方向的两个数码管中代表低位的数码管 a[0]b[0]c[0]d[0]e[0]f[0]g[0] = 0110011，即 4；代表高位的数码管 a[1]b[1]c[1]d[1]e[1]f[1]g[1]= 1101101，即 2。

由于 B 方向的两个数码管显示部分未加入系统模块中，因此代表低位的数码管 a[2]b[2]c[2]d[2]e[2]f[2]g[2]=X，代表高位的数码管 a[3]b[3]c[3]d[3]e[3]f[3]g[3] = X。

观察仿真波形，经过依次验证可看出，灯的状态变化正确，数码管显示正确。

8.6 以 2 递增的变模计数器

在控制信号 S0、S1 的控制下，实现变模(模值为 9、11、13、15)计数。rst_n 为复位信号，低电平有效；clk 为时钟输入，out 为变模计数器输出。

以 2 递增的变模计数器源文件如下：

```verilog
module ch_counter(s0, s1, rst_n, clk, out);

    input s0, s1, rst_n, clk;
    output [3:0] out;
    reg [3:0] i;

    assign out=i;

    always @(posedge clk)
    begin

        if (!rst_n)
           begin
              i=4'b0;
           end
        else
        case({s0, s1})                    // 必须有"else"
           2'b00: begin
                  if(i==4'b1000)
                     i=4'b0;
                  else
                     i=i+4'b0001;
                  end
```

```verilog
            2'b01: begin
                    if(i==4'b1010)
                        i=4'b0;
                    else
                        i=i+4'b0001;
                   end
            2'b10: begin
                    if(i==4'b1100)
                        i=4'b0;
                    else
                        i=i+4'b0001;
                   end
            2'b11: begin
                    if(i==4'b1110)
                        i=4'b0;
                    else
                        i=i+4'b0001;
                   end
        endcase
    end

endmodule
```

仿真测试模块如下：

```verilog
`timescale 1ps/1ps
module ch_c_test;
    // 输入
    reg s0;
    reg s1;
    reg rst_n;
    reg clk;

    // 输出
    wire [3:0] out;
    // 实例化被测试部件
    ch_counter uut (
        .s0(s0),
        .s1(s1),
        .rst_n(rst_n),
        .clk(clk),
```

```
        .out(out)
    );
always  #1   clk=~clk;
    initial begin
        // 初始化输入
        s0=0;
        s1=0;
        rst_n=0;
        clk=0;

        // 为完成全局复位等待 5ps
        #5;
    rst_n=1;
    end
        initial begin
    {s0, s1}=11;

    #100 $stop;
        end

        endmodule
```

在 Xilinx ISE13 环境下得到的仿真波形(部分)如图 8.10 所示。

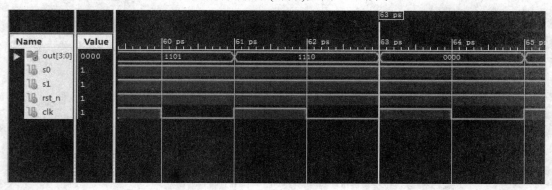

图 8.10 仿真波形

8.7 定时器的 Verilog 编程实现

下面通过 Verilog HDL 语言,将多个模块组合,从而实现 60 以内定时功能,并进行数据显示。

定时器的原理示意框图如图 8.11 所示。

第 8 章 时序电路设计实例

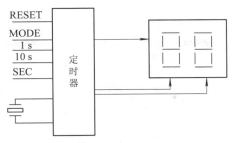

图 8.11　定时器原理示意框图

该定时器共有 5 个输入端口，分别是 10 s 和 1 s 的时间输入端口、重置 RESET 输入端口、开关模式 MODE 选择输入端口，以及接收晶体分频模块的分频输出数据的输入端口。10 s 和 1 s 的时间输入端口分别可以实现以 10 s 和 1 s 为单位、60 为周期的定时计数；重置输入端口可以将定时器清零；开关模式选择输入端口可以控制整个定时器是否处于工作状态。使用晶体分频模块输出作为定时器的输入端口可以控制定时器的运行。晶体分频模块的分频输出频率为 32 kHz。

该定时器的输出数据显示在数码显示管上，显示内容为时间剩余。

在 Xilinx ISE13 环境下得到的仿真波形(部分)如图 8.12 所示。

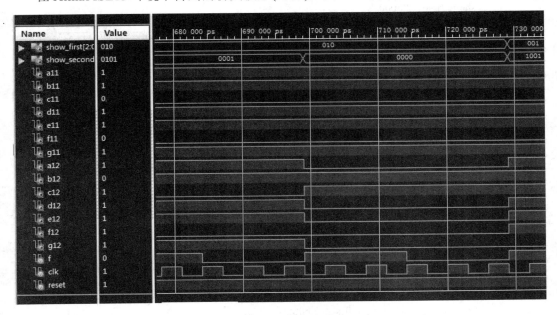

图 8.12　仿真波形

该定时器的 Verilog 源文件如下：

```
module TIME_COUNT(f, reset, show_first, show_second, mode, time_increase_10s, time_increase_1s);
    input reset;
    input [2:0] time_increase_10s
    input [3:0] time_increase_1s;
    input mode;
```

```verilog
input f;

output [2:0] show_first;
output [3:0] show_second;

reg [2:0] temp_first;
reg [3:0] temp_second;
reg [2:0] show_first;
reg [3:0] show_second;

// 倒计时

always @(reset or posedge f)
begin
  if(reset==1'b0)
    begin
    show_first<=3'b000;
    show_second<=4'b0000;
      temp_first<=3'b000;
      temp_second<=4'b0000;
    end
  else
    begin
      if(mode==1'b1)
        begin
          if(show_second==4'b0000)
            begin
              if(show_first==3'b000)
                begin
                  show_first<=3'b000;
                  show_second<=4'b0000;
                    temp_frist<=3'b000;
                    temp_second<=4'b0000;
                end
              else
                begin
                  temp_second=4'b1001;
                    show_second<=temp_second;
                    temp_first<=temp_first-1;
```

```
                    show_first<=temp_first;
                  end
               end
             else
               begin
                 temp_second<=temp_second-1;
                 show_second<=temp_second;
               end
           end
       else
         begin
           temp_first<=time_increase_10s;
           temp_second<=time_increase_1s;
           show_first<=time_increase_10s;
           show_second<=time_increase_1s;
         end
      end
   end

endmodule
```

显示
```
module TIME_SHOW(clk, a1, b1, c1, d1, e1, f1, g1, a, b, c, d);

   input a, b, c, d;
   input clk;
   output a1, b1, c1, d1, e1, f1, g1;
   reg    a1, b1, c1, d1, e1, f1, g1;

   always @(posedge clk)
     begin
       case({a, b, c, d})
          4'd0: {a1, b1, c1, d1, e1, f1, g1}=7'b1111110;
          4'd1: {a1, b1, c1, d1, e1, f1, g1}=7'b0110000;
          4'd2: {a1, b1, c1, d1, e1, f1, g1}=7'b1101101;
          4'd3: {a1, b1, c1, d1, e1, f1, g1}=7'b1111001;
          4'd4: {a1, b1, c1, d1, e1, f1, g1}=7'b0110011;
          4'd5: {a1, b1, c1, d1, e1, f1, g1}=7'b1011011;
          4'd6: {a1, b1, c1, d1, e1, f1, g1}=7'b1011111;
          4'd7: {a1, b1, c1, d1, e1, f1, g1}=7'b1110000;
```

```
            4'd8: {a1, b1, c1, d1, e1, f1, g1}=7'b1111111;
            4'd9: {a1, b1, c1, d1, e1, f1, g1}=7'b1111011;
            default: {a1, b1, c1, d1, e1, f1, g1}=7'bx;
        endcase
    end

endmodule
```

仿真测试模块如下：

```verilog
`timescale 1ns/1ns
module TEXT_MODE:

    // 输入
    reg f ;
    reg clk ;
    reg reset ;
    reg mode ;
    reg [2 :0] time_increase_10s ;
    reg [3 :0] time_increase_1s ;
    reg a, b, c, d ;
    reg [2 :0] i ;

    // 输出
    wire [2:0]   show_first ;
    wire [3:0] show_second ;
    wire a1, b1, c1, d1, e1, f1, g1;
    wire a11, b11, c11, d11, e11, f11, g11;

    // 实例化被测试部件
    TIME_COUNT uut (
        .f(f),
        .reset(reset),
        .show_first(show_first),
        .show_second(show_second),
        .mode(mode),
        .time_increase_10s(time_increase_10s),
        .time_increase_1s(time_increase_1s)
    };

    // 两个数码管显示
```

```
        TIME_SHOW
FIRST_TIME_SHOW(.clk(f), .a(1'b0), .b(show_first[2]), .c(show_ first[1]),
.d(show_first[0]), .a1(a11), .b1(b11), .c1(c11), .d1(d11), .e1(e11), .f1(f11), .g1(g11));
        TIME_SHOW
SECOND_TIME_SHOW(.clk(f), .a(show_second[3]),.b(show_ second[2]), .c(show_
second[1]), .d(show_second[0]), .a1(a12), .b1(b12), .c1(c12), .d1(d12), .e1(e12), .f1(f12), .g1(g12));

    initial begin
    // 初始化输入

        clk=0;
        reset=0;
        mode=0;
        i=0;
        f=0;
        time_increase_10s=0;
        time_increase_1s=0;

        // 为完成全局复位等待 100ns
        #100;
        clk=0;
        reset=1;
        time_increase_10s=3'b011;
        time_increase_1s=4'b1000;
        #20 mode=1;

    end

// 产生时钟信号
    always #3 clk=~clk;
    // 分频
    always @(posedge clk or negedge clk)
    begin
        if(i==4)
            begin
                i<=0;
                f<=~f;
            end
        else
```

```verilog
        begin
            i<=1+1;
        end
    end

endmodule
```

8.8 ATM 信元的接收及空信元的检测系统

在某些物理链路中，ATM 信元采用串行数据流进行传输，而 ATM PHY 芯片对信元的处理均为并行，所以在接收 ATM 信元时，需要进行串并转换；同时，为保证链路的同步，发送方在没有数据要发送时会填充空信元，所以在进行 ATM 信元的接收时，还需要对空信元进行检测，空信元前 5 个字节分别是 00、00、00、01、52(十六进制)。

根据上述原理，设计 ATM 信元的接收及空信元的检测系统，并用 Lattice 公司的 ispLSI1016E-80LJ44 器件实现。

用 Verilog HDL 设计的检测系统模块源文件如下：

```verilog
`timescale 1ns/1ps
`define DELAYTIME 1
module atm_receive_detect(clk, rst,
    soc_i,              // 信元开始指示
    data_i,             // 串行数据输入
    data_o,             // 并行数据输出
    data_val.           // 数据有效指示
    is_empty            // 空信元指示，为高电平时表示空信元
);
input clk, rst, soc_i, data_i;
output data_val, is_empty;
output [7:0] data_o;
// 内部寄存器
reg [7:0] data_o, data_r;
reg soc_o, data_val, soc_r;
reg [2:0] cnt;
always @(posedge clk or posedge rst)     // 串并转换模块
    if(rst)begin
        data_o<=#`DELAYTIME 8'b0;
        data_val<=#`DELAYTIME 1'b0;
        soc_o<=#`DELAYTIME 1'b0;
        data_r<=#`DELAYTIME 8'b0;
        cnt<=#`DELAYTIME 7;
```

```verilog
        soc_r<=#`DELAYTIME 0;
      end
      else if(soc_i&~soc_r) begin
        data_r<=#`DELAYTIME 8'b0;
        data_r[7]<=#`DELAYTIME data_i;
        data_val<=#`DELAYTIME 1'b0;
        cnt<=#`DELAYTIME 6;
        soc_r<=#`DELAYTIME soc_i;
      end else begin
        data_val<=#`DELAYTIME 1'b0;
        data_r[cnt]<=#`DELAYTIME data_i;
        cnt<=#`DELAYTIME cnt-1;
        soc_r<=#`DELAYTIME soc_i;
        if(cnt==0) begin
          data_o[7:1]<=#`DELAYTIME data_r[7:1];
          data_o[0]<=#`DELAYTIME data_i;
          data_r<=#`DELAYTIME 8'b0;
          data_val<=#`DELAYTIME 1'b1;
          cnt<=#`DELAYTIME 7;
          if(soc_r)soc_o<=#`DELAYTIME 1'b1;
          else soc_o<=#`DELAYTIME 1'b0;
        end
      end
reg is_empty;
reg [2:0] state;
parameter BYTE_0=3'd1, BYTE_1=3'd2, BYTE_2=3'd3, BYTE_3=3'd4, BYTE_4=3'd5;
wire [7:0] data_in;
wire soc;
assign data_in=data_o;
assign soc=soc_o;
always @(posedge clk or posedge rst)        // 空信元检测
begin
  if(rst) begin
    state<=#`DELAYTIME BYTE_0;
    is_empty<=#`DELAYTIME 1'b0;
  end
  else begin
    if(!soc)
      state<=#`DELAYTIME BYTE_0;
```

```verilog
      else
        case(state)
          BYTE_0: begin
            is_empty<=#`DELAYTIME 1'b0;
            if(data_val)
              if(data_in==8'b0)
                state<=#`DELAYTIME BYTE_1;
              else
                state<=#`DELAYTIME BYTE_0;
            else
              state<=#`DELAYTIME BYTE_0;
          end
          BYTE_1: begin
            is_empty<=#`DELAYTIME 1'b0;
            if(data_val)
              if(data_in==8'b0)
                state<=#`DELAYTIME BYTE_2;
              else
                state<=#`DELAYTIME BYTE_0;
            else
              state<=#`DELAYTIME BYTE_1;
          end
          BYTE_2: begin
            is_empty<=#`DELAYTIME 1'b0;
            if(data_val)
              if(data_in==8'b0)
                state<=#`DELAYTIME BYTE_3;
              else
                state<=#`DELAYTIME BYTE_0;
            else
              state<=#`DELAYTIME BYTE_2;
          end
          BYTE_3: begin
            is_empty<=#`DELAYTIME 1'b0;
            if(data_val)
              if(data_in==8'b0000_0001)
                state<=#`DELAYTIME BYTE_4;
              else
                state<=#`DELAYTIME BYTE_0;
```

```verilog
          else
              state<=#`DELAYTIME BYTE_3;
        end
      BYTE_4: begin
          if(data_val)
              state<=#`DELAYTIME BYTE_0;
              if(data_in==8'b0101_0010)
                 is_empty<=#`DELAYTIME 1'b1;
              else
                 is_empty<=#`DELAYTIME 1'b0;
          else
              state<=#`DELAYTIME BYTE_4;
        end
      default: begin
          is_empty<=#`DELAYTIME 1'b0;
          state<=#`DELAYTIME BYTE_0;
        end
    endcase
  end
end
endmodule
```

仿真测试模块如下：

```verilog
`timescale 1ns/1ps
module top;
reg clk, rst, soc_i, data_i;
wire data_val, is_empty;
wire [7:0] data_o
reg [7:0] data;
initial begin
  clk=0;   rst=0; soc_i=0; data_i=0; data=0;
  #50         rst=1;
  #20         rst=0;
     soc_i=1;                    // 第一个信元，非空信元
     data=8'h12;
  #80         data=8'h34;  #80 data=8'h56;  #80 data=8'h78;
  #80         data=8'h9a;  #80 data=8'hbc;  soc_i=0;
  #3840       soc_i=1;         // 第二个信元，空信元
     data=8'h00;
  #80         data=8'h00;  #80 data=8'h00;  #80 data=8'h01;
```

```
        #80              data=8'h52;   #80 data=8'h00;  soc_i=0;
        #3840            $stop;
    end
    always #5 clk=~clk;                // 时钟
    integer cnt;
    always @(posedge clk or posedge rst)   // 产生串行输入
    begin
      if(rst)    cnt=8;
      else begin
        if(cnt==0)   cnt=8;
        cnt=cnt−1;
        data_i=data[cnt];
      end
    end
atm_receive_detect atm_receive_detect_inst(.clk(clk), .rst(rst), .soc_i(soc_i), .data_i(data_i), .data_val
(data_val), .data_o(data_o), . is_empty(is_empty));
    endmodule
```

ispLSI1016E-80LJ44 的引脚配置如图 8.13 所示。

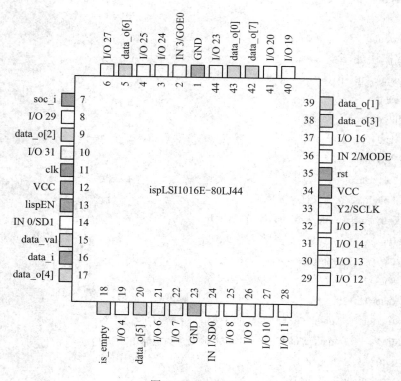

图 8.13 引脚配置

仿真波形如图 8.14 所示。

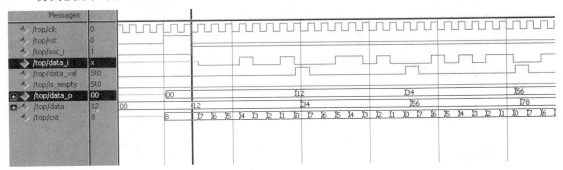

图 8.14　仿真波形(一)

图 8.14 中，data 为仿真产生的并行输入数据，并串变换后形成 data_i，输入到底层模块中，由底层模块接收与检测后输出；data_o 为输出数据；data_val 为输出数据的有效信号(高电平有效)，可以看出，data_val 有效时，data_o 同时输出一个 8 位数据。

如图 8.15 所示，在接收完前 5 个字节后，指示信号 is_empty 变为高电平(图中圆圈位置所示)，说明该信元为空信元。

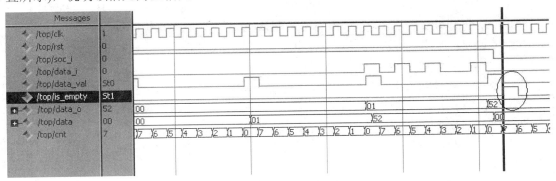

图 8.15　仿真波形(二)

在 ATM 网络中信元的接收与检测是一项常用功能，因此上述模块有一定的工程实用价值。随着代码数量的增加，在代码的编写和仿真过程中，难免会引起更多的问题与困难。为保持功能的独立性，需要在设计模块时把接收和检测在不同的alwasy 块中实现，但是这样做在保持功能独立的同时却带来了两个模块间的传递数据问题，只有确定了模块间数据传递的格式和内容，才能完成设计。

8.9　点阵汉字显示系统

(1) 设计一个点阵汉字显示系统，能在 24 脚多色 8×8 点阵上循环显示"西电科大"。源文件如下：

　　　　　module dianzikd(CLK, R1, R2, R3, R4, R5, R6, R7, R8, R9, R10, R11, R12, L1, L2, L3, L4, L5, L6,
　　　　　L7, L8, L9, L10, L11, L12);

input CLK;
output R1, R2, R3, R4, R5, R6, R7, R8, R9, R10, R11, R12, L1, L2, L3, L4, L5, L6, L7, L8, L9,
       L10, L11, L12;
// reg   [7:0]P;
   reg   [7:0]Q;
   reg   [7:0] col;
   reg   [7:0] left;

   assign   R1=0,   R2=0,   // 端口设置
            R3=1,   R4=0,
            R5=0,   R6=1,
            R7=0,   R8=0;
   assign   L1=~left[0],   L2=~left[1],
            L3=left[2],   L4=~left[3],
            L5=~left[4],   L6=left[5],
            L7=~left[6],   L8=~left[7];   /*禁止绿灯 R1…R8=11111111；点亮红灯 L1…
L8=0，col[0]…col[7]=1，注意点阵显示板上部分连接已加了反相，禁止绿灯 R1…R8=00100100*/
   assign   R12=col[7],   R11=~col[6],
            R10=~col[5], R9=col[4],
            L9=col[3],   L10=~col[2],
            L11=~col[1], L12=col[0];
   // 初始化
   initial
    begin
     col=8'b1111_1111;
     left=8'b1111_1111;
     // P=0;
     Q=0;
    end

always @(posedge CLK)
 begin
 // Q=(P==255) ? Q+1:P+1;
 // 因设 P 为 8 位，到 256 溢出，P 自动变 0，Q 也同理
 if(Q==255) Q=0;
 else Q=Q+1;
  end

always @(posedge CLK)

```verilog
begin
case(Q)
8'b00000000:begin col=8'b1111_1111; left=8'b0111_0110; end
8'b00000001:begin col=8'b1000_0001; left=8'b1000_1111; end
8'b00000010:begin col=8'b0010_0100; left=8'b1100_0000; end
// 第1次显示"西"
  :
// 冒号前二进制数按顺序增加，冒号后内容按给定规律重复
8'b00100111:begin col=8'b1111_1111; left=8'b0111_0110; end
8'b00101000:begin col=8'b1000_0001; left=8'b1000_1111; end
8'b00101001:begin col=8'b0010_0100; left=8'b1100_0000; end
// 第14次显示"西"
8'b00101010:begin col=8'b0111_1111; left=8'b1101_0101; end
8'b00101011:begin col=8'b0100_1001; left=8'b1110_1011; end
8'b00101100:begin col=8'b0000_1000; left=8'b1011_1110; end
8'b00101101:begin col=8'b1111_1000; left=8'b0111_1111; end
// 第1次显示"电"
  :
// 冒号前二进制数按顺序增加，冒号后内容按给定规律重复
8'b01011110:begin col=8'b0111_1111; left=8'b1101_0101; end
8'b01011111:begin col=8'b0100_1001; left=8'b1110_1011; end
8'b01100000:begin col=8'b0000_1000; left=8'b1011_1110; end
8'b01100001:begin col=8'b1111_1000; left=8'b0111_1111; end
// 第14次显示"电"
8'b01100010:begin col=8'b0010_0100; left=8'b1111_1110; end
8'b01100011:begin col=8'b0011_0011; left=8'b1111_1101; end
8'b01100100:begin col=8'b0010_1010; left=8'b1111_1011; end
8'b01100101:begin col=8'b0011_0111; left=8'b1111_0111; end
8'b01100110:begin col=8'b1111_1010; left=8'b1110_1111; end
8'b01100111:begin col=8'b0010_0111; left=8'b1101_1111; end
8'b01101000:begin col=8'b0010_0010; left=8'b0011_1111; end
// 第1次显示"科"
  :
// 冒号前二进制数按顺序增加，冒号后内容按给定规律重复
8'b10101111:begin col=8'b0010_0100; left=8'b1111_1110; end
8'b10110000:begin col=8'b0011_0011; left=8'b1111_1101; end
8'b10110001:begin col=8'b0010_1010; left=8'b1111_1011; end
8'b10110010:begin col=8'b0011_0111; left=8'b1111_0111; end
8'b10110011:begin col=8'b1111_1010; left=8'b1110_1111; end
```

8'b10110100:begin col=8'b0010_0111; left=8'b1101_1111; end
8'b10110101:begin col=8'b0010_0010; left=8'b0011_1111; end
// 12 次显示 "科"

8'b10110110:begin col=8'b0000_1000; left=8'b1111_0100; end
8'b10110111:begin col=8'b0111_1111; left=8'b1111_1011; end
8'b10111000:begin col=8'b0001_0100; left=8'b1110_1111; end
8'b10111001:begin col=8'b0010_0010; left=8'b1101_1111; end
8'b10111010:begin col=8'b0100_0001; left=8'b1011_1111; end
// 第 1 次显示 "大"
⋮
// 冒号前二进制数按顺序增加，冒号后内容按给定规律重复

8'b11110111:begin col=8'b0000_1000; left=8'b1111_0100; end
8'b11111000:begin col=8'b0111_1111; left=8'b1111_1011; end
8'b11111001:begin col=8'b0001_0100; left=8'b1110_1111; end
8'b11111010:begin col=8'b0010_0010; left=8'b1101_1111; end
8'b11111011:begin col=8'b0100_0001; left=8'b1011_1111; end
// 第 14 次显示 "大"
8'b11111100:begin col=8'b0000_1000; left=8'b1111_0100; end
8'b11111101:begin col=8'b0111_1111; left=8'b1111_1011; end
8'b11111110:begin col=8'b0001_0100; left=8'b1110_1111; end
8'b11111111:begin col=8'b0010_0010; left=8'b1101_1111; end
default:begin col=8'b1111_1111; left=8'b1111_1111; end

endcase
end
endmodule

仿真测试模块如下：
```
`timescale 1ps/1ps
module dianzikd_test1;

    // 输入
    reg CLK;

    // 输出
    wire R1;
    wire R2;
    wire R3;
```

```
    wire R4;
    wire R5;
    wire R6;
    wire R7;
    wire R8;
    wire R9;
    wire R10;
    wire R11;
    wire R12;
    wire L1;
    wire L2;
    wire L3;
    wire L4;
    wire L5;
    wire L6;
    wire L7;
    wire L8;
    wire L9;
    wire L10;
    wire L11;
    wire L12;

// 实例化被测试部件
    dianzikd uut (
        .CLK(CLK),
        .R1(R1),
        .R2(R2),
        .R3(R3),
        .R4(R4),
        .R5(R5),
        .R6(R6),
        .R7(R7),
        .R8(R8),
        .R9(R9),
        .R10(R10),
        .R11(R11),
        .R12(R12),
        .L1(L1),
        .L2(L2),
```

.L3(L3),
.L4(L4),
.L5(L5),
.L6(L6),
.L7(L7),
.L8(L8),
.L9(L9),
.L10(L10),
.L11(L11),
.L12(L12)
);
always #1 CLK=~CLK;
initial begin
// 初始化输入
CLK=0;
// 为完成全局复位等待 10ps
#10;

// 在这里添加要仿真的内容
#1000 $stop;
end

endmodule

仿真波形如图 8.16 所示。

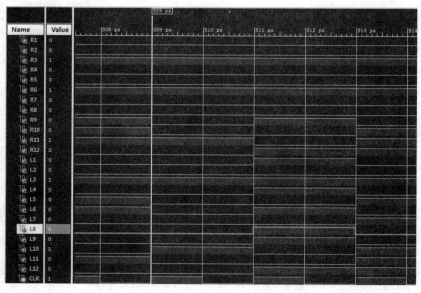

图 8.16　汉字显示仿真波形

点阵结构及引脚见图 8.17。

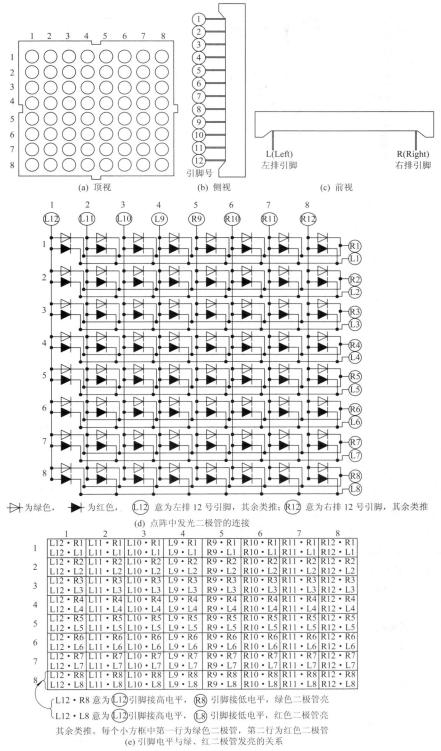

图 8.17 点阵结构及引脚

点阵显示板如图 8.18 所示。

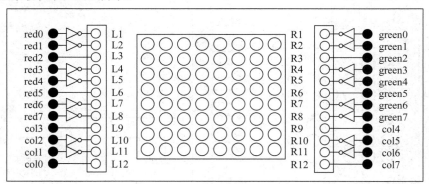

图 8.18　点阵显示板

可编程器件与点阵显示板连接示意图如图 8.19 所示。

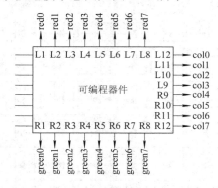

图 8.19　可编程器件与点阵显示板连接示意图

点阵在快速扫描显示时，当人眼所看到的字符消失后，人眼仍能继续保留其影像 0.1 s～0.4 s 的时间，这种现象被称为视觉暂留现象。为了能保证正常显示，考虑到视觉暂留现象，时钟 CLK 频率可选择 64 Hz。

(2) 设计一个点阵汉字显示系统，能在 16 脚单色 8×8 点阵上显示"西"。源文件如下：

```
module liu0907(CLK,R1,R2,R3,R4,R5,R6,R7,R8,H1,H2,H3,H4,H5,H6,H7,H8);
input   CLK;    //EPM240 开发板时钟为 50MHz
output R1,R2,R3,R4,R5,R6,R7,R8,H1,H2,H3,H4,H5,H6,H7,H8;
reg       [5:0]Q;
reg       [7:0]col;
reg       [7:0]left;
reg [26:0]cunt;
reg clk_Hz;
assign    H1=left[0],      H2=left[1],
          H3=left[2],      H4=left[3],
          H5=left[4],      H6=left[5],
          H7=left[6],      H8=left[7];
assign    R1=col[0],       R2=col[1],
```

```verilog
                R3=col[2],      R4=col[3],
                R5=col[4],      R6=col[5],
                R7=col[6],      R8=col[7];
initial
begin
cunt=0;
 Q = 0;
end
  always    @(posedge CLK)
begin
cunt=cunt+1;
if(cunt<=49999)
begin
clk_Hz=0;
end
else
begin
clk_Hz=1;
end
if(cunt==99999)
begin
cunt=0;
end
end
always@(posedge clk_Hz)
        begin
            if (Q==7) Q = 0;
           else Q = Q+1;
          end
always@(posedge clk_Hz)
begin
case(Q)
8'b00000000:begin col=8'b1000_0001;left=8'b0000_0001;end
8'b00000001:begin col=8'b1101_1011;left=8'b0000_0010;end
8'b00000010:begin col=8'b0000_0000;left=8'b0000_0100;end
8'b00000011:begin col=8'b0101_1010;left=8'b0000_1000;end
8'b00000100:begin col=8'b0101_1010;left=8'b0001_0000;end
8'b00000101:begin col=8'b0011_1110;left=8'b0010_0000;end
8'b00000110:begin col=8'b0000_0000;left=8'b0100_0000;end
8'b00000111:begin col=8'b1111_1111;left=8'b1000_0000;end
default:begin col=8'b0000_0000;left=8'b0000_0000; end
```

```
        endcase
    end
endmodule
```

根据 EPM240 开发板单色 8×8 点阵引脚(见图 8.20)与主芯片 EPM240T100C5 引脚(见图 8.21)的连接关系，配置如下：

CLK=12,

R1=82,R2=81,R3=78,R4=77,R5=76,R6=75,R7=74,R8=73,

H1=90,H2=89,H3=88,H4=87,H5=86,H6=85,H7=84,H8=83。

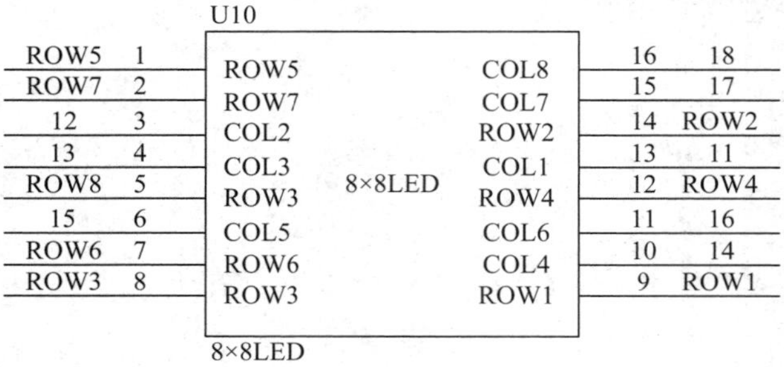

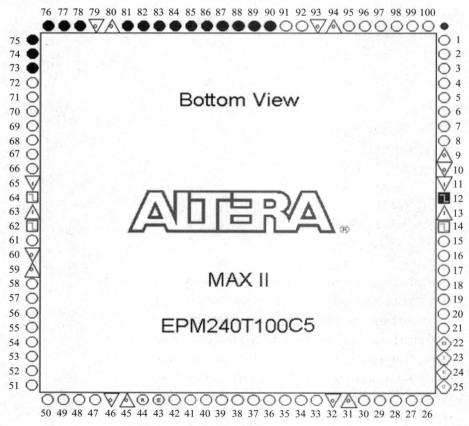

图 8.20 单色 8×8 点阵引脚

图 8.21 主芯片 EPM240T100C5 引脚

8.10 通过 EPM240 开发板验证的几个时序电路

8.10.1 8 个发光二极管按 8 位计数器规律循环显示

```
//第 8 个发光二极管对应 26 脚,引脚配置 q[0]=15,q[1]=16…q[6]=21,q[7]=26,reset=8
module liu0914(clk,reset,q);
input clk,reset;     //EPM240 开发板时钟为 50MHz
output [7:0]q;
reg [7:0]q;
reg [0:26]cunt;
reg clk1Hz;
initial
begin
cunt=0;
  q= 0;
end
  always    @(negedge clk)
begin
cunt=cunt+1;
if(cunt<=24999999)
begin
clk1Hz=0;
end
else
begin
clk1Hz=1;
end
if(cunt==49999999)
begin
cunt=0;
end
end
always @(negedge clk1Hz)
      begin
if (!reset)
q<=8'd0;
```

```
            else q<=q+1;
        end
        endmodule
```

8.10.2 第1个数码管动态显示0~7

```
module liu0905(clk,a1,b1,c1,d1,e1,f1,g1,dis2,dis3,dis4);
output a1,b1,c1,d1,e1,f1,g1,dis2,dis3,dis4;
input clk;
reg    a1,b1,c1,d1,e1,f1,g1;
reg [26:0]cunt;
reg [2:0]Q;
reg clk1Hz;
assign dis2=1;
assign dis3=1;
assign dis4=1;
initial
begin
cunt=0;
  Q = 0;
end
   always   @(posedge clk)
begin
cunt=cunt+1;
if(cunt<=4999999)
begin
clk1Hz=0;
end
else
begin
clk1Hz=1;
end
if(cunt==99999999)
begin
cunt=0;
end
end
always@(posedge clk1Hz)
       begin
     if (Q==7) Q = 0;
    else Q = Q+1;
```

```
            end
always@(posedge clk1Hz)
begin
case(Q)
3'd0:{a1,b1,c1,d1,e1,f1,g1}=7'b1111110;
3'd1:{a1,b1,c1,d1,e1,f1,g1}=7'b0110000;
3'd2:{a1,b1,c1,d1,e1,f1,g1}=7'b1101101;
3'd3:{a1,b1,c1,d1,e1,f1,g1}=7'b1111001;
3'd4:{a1,b1,c1,d1,e1,f1,g1}=7'b0110011;
3'd5:{a1,b1,c1,d1,e1,f1,g1}=7'b1011011;
3'd6:{a1,b1,c1,d1,e1,f1,g1}=7'b1011111;
3'd7:{a1,b1,c1,d1,e1,f1,g1}=7'b1110000;
default: {a1,b1,c1,d1,e1,f1,g1}=7'bx;
endcase
end
endmodule
```

对应引脚如图 8.22 所示。

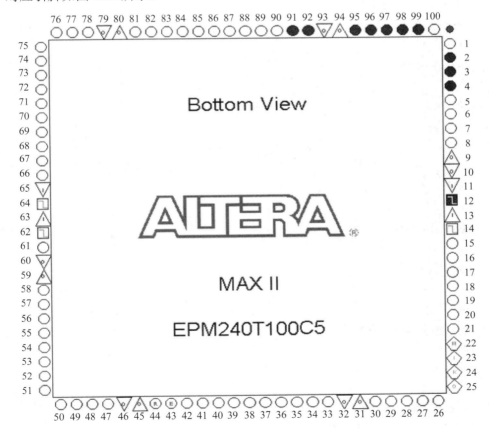

图 8.22 引脚配置图

七段数码管：a1=对应器件91，b1=对应器件92，c1=对应器件95，d1=对应器件96，e1=对应器件97，f1=对应器件98，g1=对应器件99。电平为1，该段亮。

4个数码管选择：SEG1(dis1)对应器件1脚，SEG2(dis2)对应器件2脚，SEG3(dis3)对应器件3脚，SEG4对应器件4脚。assign dis1=1;   //禁止第1个数码管。

8.10.3　4个数码管显示3210

```
module liu0921(clk ,seg,bs);
  input clk;
output [7:0] seg;
  output [3:0] bs;
  reg [7:0] seg;
  reg [3:0] bs;
  reg [1:0] cnt;
reg [3:0] data;
reg [0:26]cunt;
reg clk1Hz;//考虑视觉暂留应修改为约45Hz，每个数码管5.5ms，4个22ms，显示较稳定3210
  always    @(negedge clk)
begin
cunt=cunt+1;
if(cunt<=555555)
begin
clk1Hz=0;
end
else
begin
clk1Hz=1;
end
if(cunt==1111110)
begin
cunt=0;
end
end
always @(negedge clk1Hz)
begin
cnt<=cnt+1;
end
always@(cnt)
begin
case(cnt)
```

```
            2'b00 : begin bs<=8'b1110;data[3:0]<=4'b0011;end /*开发板上左数第 1 个数码管选中(0 电平),此
句选中 1 个数码管,数据为 3,显示 3*/
            2'b01 : begin bs<=8'b1101;data[3:0]<=4'b0010;end //左数第 2 个数码管选中,数据为 2,显示 2
            2'b10 : begin bs<=8'b1011;data[3:0]<=4'b0001;end //数据为 1,显示 1,左数第 3 个数码管选中
            2'b11 : begin bs<=8'b0111;data[3:0]<=4'b0000;end //数据为 0,显示 0,左数第 4 个数码管选中
            default : begin bs<='bz;data[3:0]<='bz;end
        endcase
    end
    always@(data)
    begin
    case(data[3:0])
    4'b0000 : seg[7:0]<=8'b00111111; //板子上数码管共阴,高电平 1 点亮
    4'b0001 : seg[7:0]<=8'b00000110;
    4'b0010 : seg[7:0]<=8'b01011011;
    4'b0011 : seg[7:0]<=8'b01001111;
    4'b0100 : seg[7:0]<=8'b01100110;
    4'b0101 : seg[7:0]<=8'b01101101;
    4'b0110 : seg[7:0]<=8'b01111101;
    4'b0111 : seg[7:0]<=8'b00000111;
    4'b1000 : seg[7:0]<=8'b01111111;
    4'b1001 : seg[7:0]<=8'b01101111;
    4'b1010 : seg[7:0]<=8'b01110111;
    4'b1011 : seg[7:0]<=8'b01111100;
    4'b1100 : seg[7:0]<=8'b00111001;
    4'b1101 : seg[7:0]<=8'b01011110;
    4'b1110 : seg[7:0]<=8'b01111001;
    4'b1111 : seg[7:0]<=8'b01110001;
    default : seg[7:0]<='bz;
    endcase
    end
    endmodule
```

8.10.4 一段音乐演奏程序设计

```
    module liu0908(sys_clk,rst_n,sp);
        input    sys_clk,rst_n;
        output        sp;
        reg    sp;
        reg[3:0]    high,med,low;
        reg[13:0]    divider,origin;
```

```verilog
    reg[7:0]    counter;
    reg[23:0] clk_cnt;
    always @ (posedge sys_clk or negedge rst_n)
    if (!rst_n)
        clk_cnt <= 24'd0;
    else
        clk_cnt <= clk_cnt + 1'b1;

wire   clk_6mhz = clk_cnt[2];
wire   clk_4hz  = clk_cnt[23];
wire carry=(divider==16383);

    always @(posedge clk_6mhz)
        begin
            if(carry)
                divider=origin;
    else
        divider=divider+1'b1;
        end
    always@(posedge carry)
    begin
        sp =~sp;
    end
always@(posedge clk_4hz)
begin
    case({high ,med ,low})
        12'b000000000011:origin=14'd7281;
        12'b000000000101:origin=14'd8730;
        12'b000000000110:origin=14'd9565;
        12'b000000000111:origin=14'd10310;
        12'b000000010000:origin=14'd10647;
        12'b000000100000:origin=14'd11272;
        12'b000000110000:origin=14'd11831;
        12'b000001010000:origin=14'd12556;
        12'b000001100000:origin=14'd12974;
        12'b000100000000:origin=14'd13516;
        12'b000000000000:origin=14'd16383;
        default:origin=14'd0;
    endcase
```

```verilog
end
always@(posedge clk_4hz)
        begin
                if(counter==8'd50)
        counter=8'd0;
    else
        counter=counter+1'b1;
    case(counter)
    8'd 0:{high,med,low}=12'b0000_0000_0011;
        8'd 1:{high,med,low}=12'b0000_0000_0011;
        8'd 2:{high,med,low}=12'b0000_0000_0011;
        8'd 3:{high,med,low}=12'b0000_0000_0011;
        8'd 4:{high,med,low}=12'b0000_0000_0101;
        8'd 5:{high,med,low}=12'b0000_0000_0101;
        8'd 6:{high,med,low}=12'b0000_0000_0101;
        8'd 7:{high,med,low}=12'b0000_0000_0110;
        8'd 8:{high,med,low}=12'b0000_0001_0000;
        8'd 9:{high,med,low}=12'b0000_0001_0000;
        8'd10:{high,med,low}=12'b0000_0001_0000;
        8'd11:{high,med,low}=12'b0000_0010_0000;
        8'd12:{high,med,low}=12'b0000_0000_0110;
        8'd13:{high,med,low}=12'b0000_0001_0000;
        8'd14:{high,med,low}=12'b0000_0000_0101;
        8'd15:{high,med,low}=12'b0000_0000_0101;
        8'd16:{high,med,low}=12'b0000_0101_0000;
        8'd17:{high,med,low}=12'b0000_0101_0000;
        8'd18:{high,med,low}=12'b0000_0101_0000;
        8'd19:{high,med,low}=12'b0001_0000_0000;
        8'd20:{high,med,low}=12'b0000_0110_0000;
        8'd21:{high,med,low}=12'b0000_0101_0000;
        8'd22:{high,med,low}=12'b0000_0011_0000;
        8'd23:{high,med,low}=12'b0000_0101_0000;
        8'd24:{high,med,low}=12'b0000_0010_0000;
        8'd25:{high,med,low}=12'b0000_0010_0000;
        8'd26:{high,med,low}=12'b0000_0010_0000;
        8'd27:{high,med,low}=12'b0000_0010_0000;
        8'd28:{high,med,low}=12'b0000_0010_0000;
        8'd29:{high,med,low}=12'b0000_0010_0000;
        8'd30:{high,med,low}=12'b0000_0010_0000;
```

```
            8'd31:{high,med,low}=12'b0000_0010_0000;
            8'd32:{high,med,low}=12'b0000_0010_0000;
            8'd33:{high,med,low}=12'b0000_0010_0000;
            8'd34:{high,med,low}=12'b0000_0010_0000;
            8'd35:{high,med,low}=12'b0000_0011_0000;
            8'd36:{high,med,low}=12'b0000_0000_0111;
            8'd37:{high,med,low}=12'b0000_0000_0111;
            8'd38:{high,med,low}=12'b0000_0000_0110;
            8'd39:{high,med,low}=12'b0000_0000_0110;
            8'd40:{high,med,low}=12'b0000_0000_0101;
            8'd41:{high,med,low}=12'b0000_0000_0101;
            8'd42:{high,med,low}=12'b0000_0000_0101;
            8'd43:{high,med,low}=12'b0000_0000_0110;
            8'd44:{high,med,low}=12'b0000_0001_0000;
            8'd45:{high,med,low}=12'b0000_0001_0000;
            8'd46:{high,med,low}=12'b0000_0010_0000;
            8'd47:{high,med,low}=12'b0000_0010_0000;
            default:{high,med,low}=12'd0;
        endcase//后边乐曲片断此处省略
    end
endmodule
```

引脚配置如下：

时钟 sys_clk=12，复位 rst_n=8，蜂鸣器 sp=7。

思考与习题

1. (1) 任务：用 Verilog HDL 设计序列检测器。

(2) 要求：检测器有一个输入端 a，串行输入二进制序列信号；有一个输出端 p，当二进制序列中连续出现两个 0 时，输出为 1，其余情况均输出 0。

2. 脉冲分配器的状态图如图 8.23 所示。该电路能在时钟脉冲的作用下按顺序轮流地输出脉冲信号。用 Verilog HDL 设计该脉冲分配器。

3. 设计一个点阵汉字显示系统，在 8×8 点阵上循环显示 "欢迎光临"。

4. 用 Verilog HDL 设计音乐播放电路，播放音阶 1、2、3、4、5、6、7。

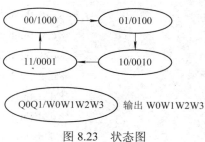

图 8.23 状态图

第 9 章 EDA 开发软件

用可编程逻辑器件(PLD)、复杂可编程逻辑器件(CPLD)、现场可编程门阵列(FPGA)器件设计与开发数字电路与系统时，器件厂商不同，所用的 EDA 开发软件也不同。根据市场分析公司统计，在可编程逻辑器件和现场可编程门阵列器件领域，Xilinx(赛灵思)公司、Altera 公司、Lattice 公司等占有主要市场份额。这些公司的 EDA 开发软件也成为目前市场的主流。本章将分别介绍 Xilinx 公司、Lattice 公司、Altera 公司 EDA 开发软件的基本使用方法，以便使读者能快速利用这些开发软件，学习、使用 Verilog HDL 设计与开发数字电路与系统。

9.1 Xilinx 公司的 EDA 开发软件

9.1.1 Xilinx ISE Design Suite 13.x

Xilinx ISE Design Suite 13.x 设计套件(简写为 Xilinx ISE13)是 Xilinx 公司最新推出的开发工具，主要针对 Spartan-6、Virtex-6 和 Virtex-7 系列 FPGA 以及行业领先的容量高达 200 万个逻辑单元的 Virtex-7 2000T 器件的开发。该设计套件引入了加速验证、支持 IP-XACT 的即插即用 IP 以及全新的 Team Design Flow、用于布局和布线等设计分析工具，可让多名工程师利用时序重复功能同时开展工作，从而缩短设计周期。

通过下面的设计实例和操作步骤，学习如何用 Xilinx ISE13 快速设计数字电路与系统，以及如何在 Nexys3 开发板上下载验证。

9.1.2 Xilinx ISE13 应用举例

在 Xilinx ISE13 环境下，用 Verilog HDL 编写七段数码管译码器源文件，并下载到 Nexys3 开发板上的器件中，验证其功能是否正确。

设计要求：输入在 A、B、C 三个按钮开关的控制下，通过译码器的输出 a1、b1、c1、d1、e1、f1、g1 驱动七段数码管，以显示相应的数字。

步骤 1 根据设计要求，设计源文件如下：

```
module liang1(a1, b1, c1, d1, e1, f1, g1, A, B, C);

output a1, b1, c1, d1, e1, f1, g1;
input A, B, C;
reg    a1, b1, c1, d1, e1, f1, g1;
always   @(A or B or C)
```

```
begin
case({A, B, C})
3'd0:{a1, b1, c1, d1, e1, f1, g1}=7'b1111110;
3'd1:{a1, b1, c1, d1, e1, f1, g1}=7'b0110000;
3'd2:{a1, b1, c1, d1, e1, f1, g1}=7'b1101101;
3'd3:{a1, b1, c1, d1, e1, f1, g1}=7'b1111001;
3'd4:{a1, b1, c1, d1, e1, f1, g1}=7'b0110011;
3'd5:{a1, b1, c1, d1, e1, f1, g1}=7'b1011011;
3'd6:{a1, b1, c1, d1, e1, f1, g1}=7'b1011111;
3'd7:{a1, b1, c1, d1, e1, f1, g1}=7'b1110000;
default:{a1, b1, c1, d1, e1, f1, g1}=7'bx;

endcase
end
endmodule
```

步骤2　上机操作，在 Xilinx ISE13 环境下，进入 ISE DESIGN TOOLS(如果弹出每日提示 tip of the day，则按 OK)。

进入项目导航仪 Project Navigator(如果已有项目文件，则选中后点击鼠标右键，选择 Remove 将该文件移走)选择 File→New Project，弹出新建工程窗口，如图 9.1 所示，填写工程名字(如 decode)和工程存放位置(任选 D 盘或 E 盘)，此处填 E 盘。Top-level source type 中填 HDL，再按 Next。注意，名字只能采用英文或拼音，不能填写含有中文的名字，否则会发生错误。

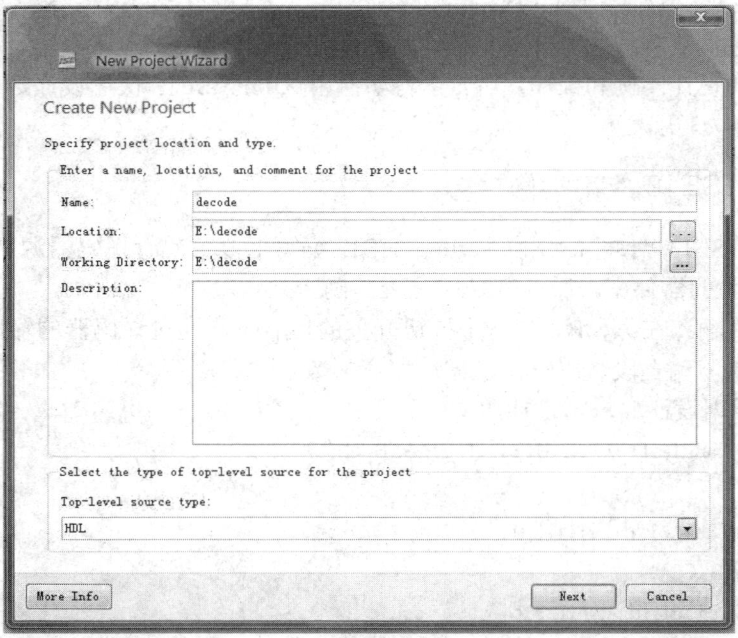

图 9.1　新建工程窗口

步骤 3 在弹出的新窗口(见图 9.2)中,选择将要下载实验用的开发板 Nexys3 上对应的器件名及参数,然后按 Next。

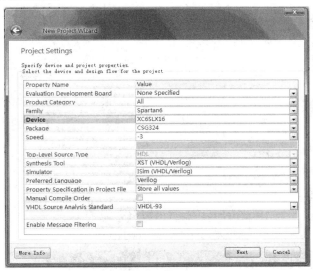

图 9.2 器件名及参数窗口

步骤 4 在弹出的新窗口(见图 9.3)中,可看到项目相关概要,然后按 Finish。

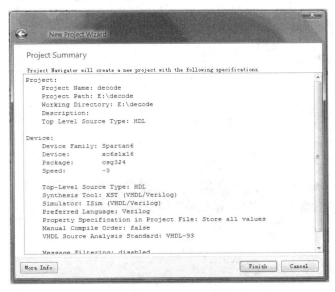

图 9.3 项目相关概要窗口

步骤 5 回到项目导航仪 ISE Project Navigator 窗口(见图 9.4),点击 View 后 Implementatio 前的圆点,使其处于实现状态(如果已有其它 Source 文件,可通过点击 Project 下拉菜单中的 Remove 将其移走),点击 Project 下拉菜单中的 New Source,可弹出图 9.5 所示的新对话框。在 File name 栏中输入模块名,如 top,选择 Verilog Module 后按 Next,弹出图 9.6 所示的窗口,按 Next,直接跳过该界面,弹出图 9.7 所示的概要窗口。按 Finish,进入下一步。

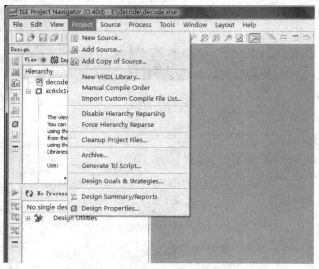

图 9.4　ISE Project Navigator 窗口

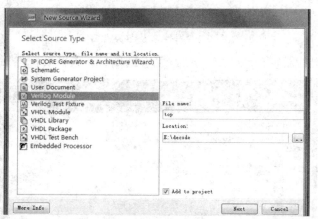

图 9.5　选择源文件的语言类型窗口

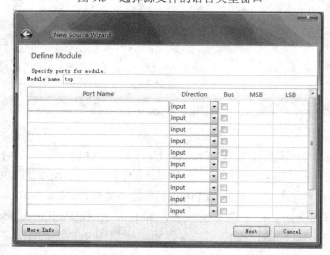

图 9.6　定义模块窗口

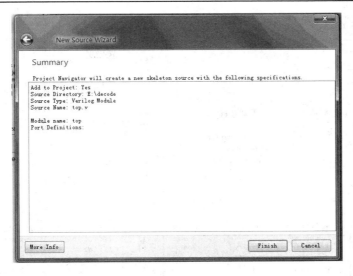

图 9.7 概要窗口

步骤 6 输入步骤 1 中设计好的源文件后，按窗口左上角盘符图形存盘。

module top(a1, b1, c1, d1, e1, f1, g1, A, B, C);

output a1, b1, c1, d1, e1, f1, g1;

input A, B, C;

reg a1, b1, c1, d1, e1, f1, g1;

always @(A or B or C)

begin

case({A, B, C})

3'd0:{a1, b1, c1, d1, e1, f1, g1}=7'b1111110;

3'd1:{a1, b1, c1, d1, e1, f1, g1}=7'b0110000;

3'd2:{a1, b1, c1, d1, e1, f1, g1}=7'b1101101;

3'd3:{a1, b1, c1, d1, e1, f1, g1}=7'b1111001;

3'd4:{a1, b1, c1, d1, e1, f1, g1}=7'b0110011;

3'd5:{a1, b1, c1, d1, e1, f1, g1}=7'b1011011;

3'd6:{a1, b1, c1, d1, e1, f1, g1}=7'b1011111;

3'd7:{a1, b1, c1, d1, e1, f1, g1}=7'b1110000;

default:{a1, b1, c1, d1, e1, f1, g1}=7'bx;

endcase

end

endmodule

步骤 7 在弹出的窗口(见图 9.8)中，双击 Synthesize-XST 对源文件进行综合，运行后得到图 9.9 所示窗口。

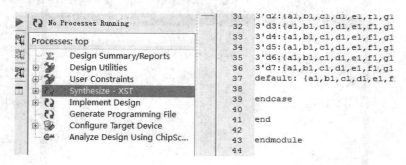

图 9.8　综合窗口

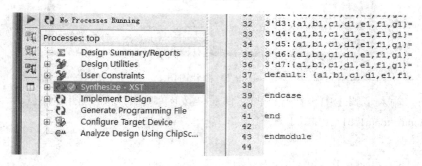

图 9.9　综合运行窗口

若 Synthesize-XST 综合通过，则前面出现对勾；出现感叹号表示有警告，视情况可忽略；出现叉号表示未通过，可点击屏幕下方中间的设计概要 Design Summary(Synthesized)，查看错误信息，分析错误原因，对源文件进行修改，直到综合通过。

步骤 8　查看综合后的结果。点击图 9.9 中对勾前带四方框的 "+" 展开，得到图 9.10。选择图中的选项并用鼠标双击，弹出图 9.11 所示的窗口，用于设置 RTL/Tech 游览器启动模式。按 OK，即可弹出图 9.12 所示的元件框图。在元件框中双击，即可看到框图内部电路，如图 9.13 所示。

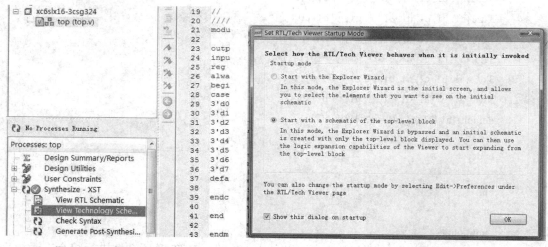

图 9.10　查看综合后的结果　　　　图 9.11　设置 RTL/Tech 观察启动模式

第 9 章　EDA 开发软件

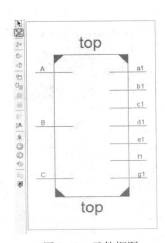

图 9.12　元件框图

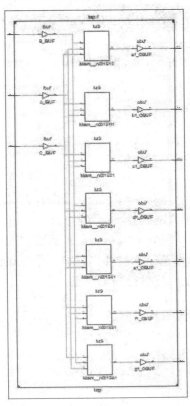

图 9.13　框图内部电路

步骤 9　对该设计进行行为(功能)仿真。

在 ISE Project Navigator 窗口中，将鼠标移到 top(top.v)处右键单击，在弹出的菜单中选择 New Source，选中左上方 Design 下第三项 Simulatio 前的圆点，使其处于仿真状态，如图 9.14 所示，此时弹出图 9.15 所示的窗口，选择 Verilog Test Fixture，并在 File name 中输入测试文件名，如 test，然后按 Next，可弹出图 9.16 所示的相关源文件窗口。再按 Next，可弹出图 9.17 所示的概要窗口。按 Finish，进入下一步。

图 9.14　选择 New Source

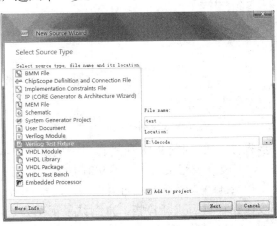

图 9.15　选择测试源文件类型

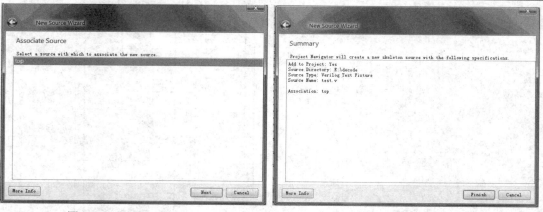

图 9.16 相关源文件窗口　　　　　　　　图 9.17 概要窗口

步骤 10 在图 9.18 中，点击测试文件 test(test.v)前的"+"就可看到 uut-top(top.v)文件(见图 9.19)，即测试源文件。它是一个测试源文件主框架，在此基础上设计、完善、修改，然后按窗口左上角盘符图形存盘。

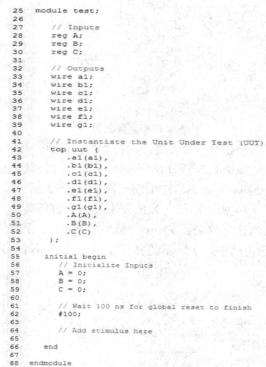

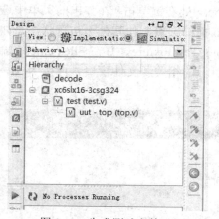

图 9.18　生成测试文件 test.v　　　　　　　图 9.19　测试源文件

步骤 11 回到图 9.18 所示窗口中选择文件 test.v(见图 9.20)，并点击 ISim Simulator 前的"+"，可展开一组文件，如图 9.21 所示。双击 Behavioral Check Syntax，检查测试模块(测试台文件 test.v)是否正确，如果正确，Behavioral Check Syntax 前面将自动打勾，否则须进行修改，在存盘后重新检查，直到结果正确为止。接着双击 Simulate Behavioral Model，观察 test(test.v)仿真波形(波形文件是 Default.wcfg)，如图 9.22 所示。

图 9.20　选择文件 test.v　　　　图 9.21　展开 ISim Simulator

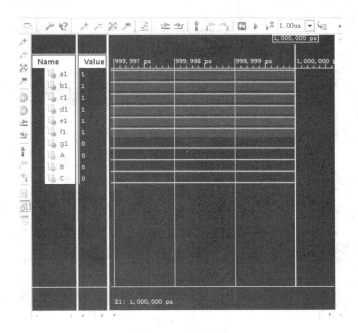

图 9.22　仿真波形

步骤 12　添加实现约束文件(可实现按设计者的要求分配引脚)。在 ISE Project Navigator 窗口中,选择 top(top.v)→New Source,如图 9.23 所示,然后选择实现约束文件 Implementation Constraints File,如图 9.24 所示,并输入约束文件名 top,按 Next,进入图 9.25 所示的概要窗口中,再按 Finish。此时双击 User Constraints 下的第三项 I/O Pin Planning(PlanAhed)-Post-Synthesis(见图 9.26),等待片刻会弹出图 9.27 所示的过程窗口(只有在申请到许可证后,才能出现该窗口)。

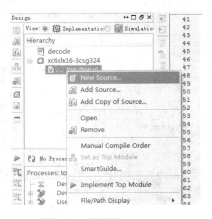

图 9.23　选择 New Source

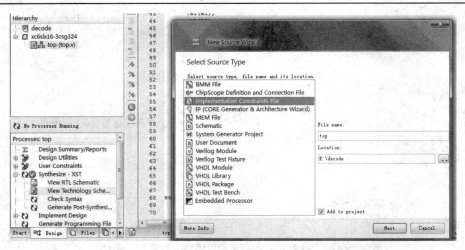

图 9.24　输入约束文件名

图 9.25　概要窗口

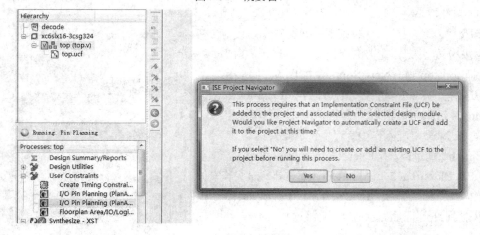

图 9.26　选择 I/O Pin Planning(PlanAhed)-Post-Synthesis

在图 9.27 所示的过程窗口中按 Close，弹出图 9.28 所示的窗口。

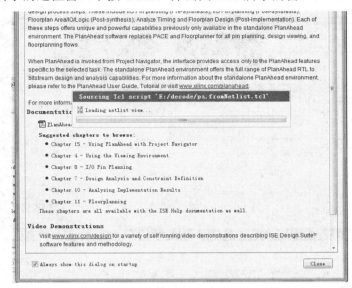

图 9.27　过程窗口

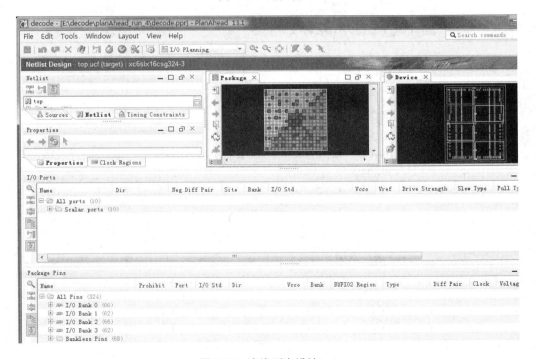

图 9.28　连线列表设计(一)

如图 9.29 所示，在 I/O Ports 的 Site 位置下设置 A、B、C 对应的 Nexys3 开发板上的按键，以及 a1、b1、c1、d1、e1、f1、g1 对应的数码段(结合 FPGA 引脚，开发板上已标出了按键及 a1、b1、c1、d1、e1、f1、g1 对应的数码段与 FPGA 的连接)。图 9.30 是 I/O Ports 的进一步展开。上述操作应存盘。

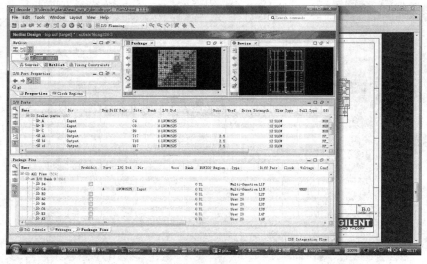

图 9.29 连线列表设计(二)

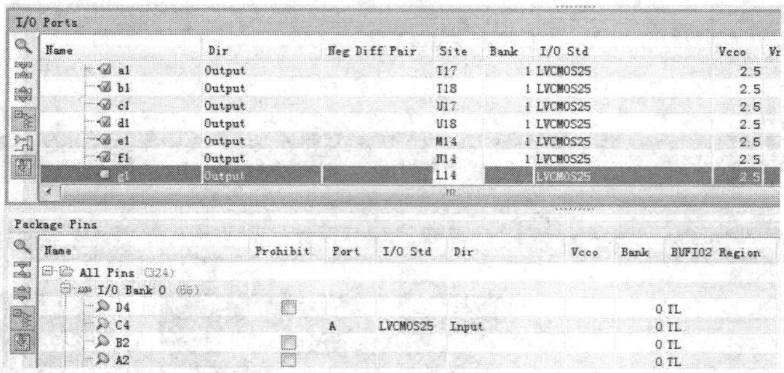

图 9.30 展开 I/O Ports

步骤 13 在 ISE Project Navigator 窗口中双击 Implement Design,如图 9.31 所示,运行后,点击 Implement Design 前面的"+"进行展开,如图 9.32 所示。

图 9.31 Implement Design

第 9 章 EDA 开发软件

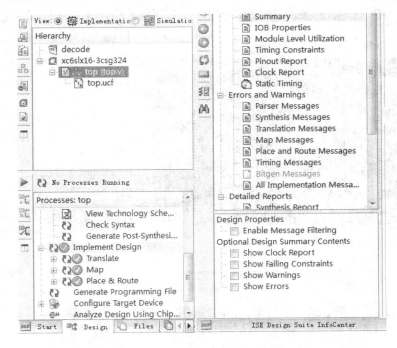

图 9.32 展开 Implement Design

此时双击 View/Edit Routed Desplay，如图 9.33 所示，弹出如图 9.34 所示的 Xilinx FPGA Editor 窗口，这个大的黑色区域就是 FPGA 硅片的布局，双击它或利用放大镜工具可查看布局布线后的结果，如图 9.35 所示。查看后关闭 Xilinx FPGA Editor 窗口。

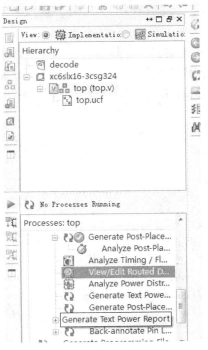

图 9.33 观察/编辑布线

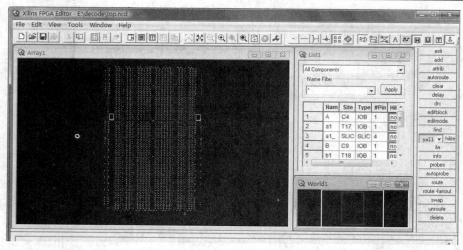

图 9.34　Xilinx FPGA Editor 窗口

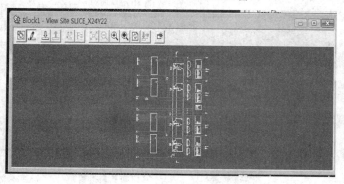

图 9.35　查看布局布线后的结果

步骤 14　下载设计到 FPGA 芯片。

首先将 USB-JTAG 电缆分别和计算机 USB 接口及 Nexys3 目标板上的 PROG 口连接，其次给 Nexys3 目标板上电。此时 ISE Project Navigator 窗口中将产生编程文件，如图 9.36 所示，

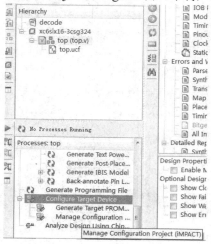

图 9.36　产生编程文件

在 Generate Programming File 下，选择 Configure Target Device 并双击，可自动生成下载文件 top.bit。双击 Manage Configuration Project(iMPACT)，即可查看 top.bit 文件。产生 top.bit 后，可在如附录 3 所示的 Nexys3 开发板上，利用 Nexys3 开发板自带的专用下载线，把计算机 USB 口与 Nexys3 开发板上的 USB PROG 口连接起来，然后对 Nexys3 开发板加电，运行事先已安装在计算机上的 Adept 软件。此时，计算机屏幕上会弹出如图 9.37 所示的窗口，查看开始设计时所选器件是否与图 9.37 中所选器件一致，如果一致，则点击图 9.37 中的 Browse...，调用 top.bit 文件，点击 Program 进行下载。

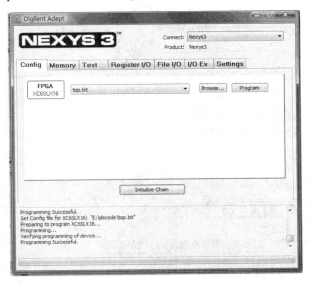

图 9.37 运行 Digilent Adept

设计结果：三键 A、B、C(A 为最高位、C 为最低位)可控，当三键释放时，4 个数码管上的 g 段亮，其余全黑，说明三键 A、B、C 释放时显示为 0，数码管为共阳。

修改后的译码器 Verilog 源程序如下：

```
module top(a1, b1, c1, d1, e1, f1, g1, A, B, C, an0, an1, an2, an3);
output an0, an1, an2, an3;
output a1, b1, c1, d1, e1, f1, g1;
input A, B, C;
reg   a1, b1, c1, d1, e1, f1, g1;
assign an0=1, an1=1, an2=0, a3=0;
always @(A or B or C)
begin
case({A, B, C})
3'd0:{a1, b1, c1, d1, e1, f1, g1}=7'b0000001;
3'd1:{a1, b1, c1, d1, e1, f1, g1}=7'b1001111;
3'd2:{a1, b1, c1, d1, e1, f1, g1}=7'b0010010;
3'd3:{a1, b1, c1, d1, e1, f1, g1}=7'b0000110;
```

3'd4:{a1, b1, c1, d1, e1, f1, g1}=7'b1001100;
3'd5:{a1, b1, c1, d1, e1, f1, g1}=7'b0100100;
3'd6:{a1, b1, c1, d1, e1, f1, g1}=7'b0100000;
3'd7:{a1, b1, c1, d1, e1, f1, g1}=7'b0001111;
default:{a1, b1, c1, d1, e1, f1, g1}=7'bx;

endcase

end
endmodule

此时数码管显示正确。结合 Nexys3 开发板电路图可见，an0、an1、an2、an3 为 4 个数码管的控制端，从右向左，an0 为最右边一个数码管的控制端。在源文件中通过连续赋值语句使 an0=1，an1=1，控制右边两个数码管不亮。

按图 9.38 所示，将译码器源文件下载到 Nexys3 开发板上。此时对开发板进行复位或断电，仍能保持用户的原设计。

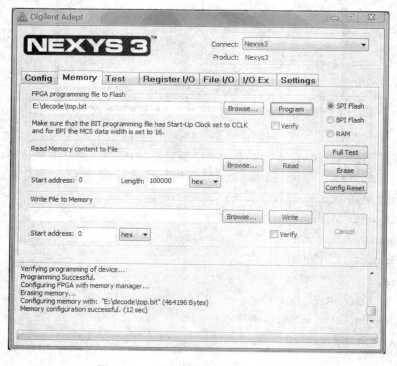

图 9.38 下载源文件至 Nexys3 开发板

9.2 Lattice 公司的 EDA 开发软件

Lattice 公司是在系统可编程技术及在系统可编程逻辑器件的最早发明者。支持该技术及器件的 Lattice 公司的 EDA 开发软件有以下几种：

(1) 早期普通入门型 PDS-pLSI/ispLSI Development System：与器件的内部结构紧密联系，只支持逻辑方程输入。

(2) 中档型 ispDesignEXPERT：支持原理图、VHDL、ABEL-HDL、Verilog HDL 及混合输入。

(3) 高档套件 ispLEVER、ispLEVER Classic、Lattice Diamond：界面友好，支持多种输入方式，使用更加方便快捷。

9.2.1 ispDesignEXPERT 应用

ispDesignEXPERT 是 Lattice 公司先前推出的一套 EDA 软件，是设计数字系统的工具之一。它支持数字系统设计的整个过程，包括设计输入、编译、综合以及仿真和编程等。运用该软件设计数字系统时，可采用原理图、硬件描述语言、混合输入方式，使用 ABEL-HDL、VHDL 和 Verilog 硬件描述语言描述的电路模块形成通用的电路符号。在设计过程中，该软件能方便有效地对所设计数字系统进行功能仿真和时序仿真。功能强大的编译器是该软件的核心，它通过编译、综合，能进行逻辑优化，将逻辑映射到器件中，自动完成布局布线，并生成 JEDEC 文件，然后通过电缆下载到器件中，从而完成硬件电路的设计。

ispDesignEXPERT 具有以下的功能和特点。

1．集成化的开发环境

ispDesignEXPERT 软件的设计输入、编译仿真和下载都是在 Project Navigator 项目引导仪(器)集成环境下进行的。ispDesignEXPERT 软件把整个设计视为一个项目(Project)，把输入文件称为源。项目引导仪(器)将源需要处理的过程按顺序组织起来，在同一个设计环境中完成文件处理，使用方便。

2．输入方式

ispDesignEXPERT 软件支持多种输入方式。

3．编译器

编译器是 ispDesignEXPERT 软件的核心，它具有结构综合、逻辑优化和映射等多项功能，还能自动完成布局布线，并生成编程所需的 JEDEC 文件。设计者可以通过属性和适配控制参数对编译过程进行控制。

4．模拟仿真

ispDesignEXPERT 软件具有功能仿真和时序仿真等功能，并可以用报告形式或波形观察器检查仿真结果。

5．支持的器件

ispDesignEXPERT 支持 Lattice 公司的 ispLSI、PAL、GAL、ispGDX、ispGDS 和 ispMACH 等器件。其中的 ispLSI 又包括 ispLSI 1000、2000、3000、5000、6000 和 8000 等系列。

6．支持的操作系统

ispDesignEXPERT 可运行于多个操作系统之上，如 Windows NT/2000/XP 等。它还具

有良好的数据互换性和互操作性，可与许多第三方的 EDA 软件实现无缝连接，如 Synplify、dataI/O 等。

利用 ispDesignEXPERT System 开发系统的 ispLSI 编程器件，从设计输入到将调试后程序下载到 ispLSI 芯片的工作流程如图 9.39 所示。

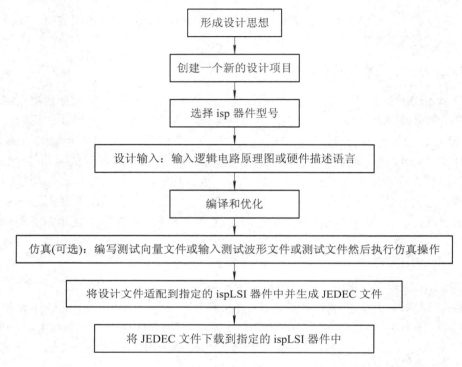

图 9.39　设计流程图

Synplify 是位于美国加州森尼维耳市的 Synplicity 公司开发的专门用于 CPLD 和 FPGA 的逻辑综合工具。它支持用 Verilog HDL 和 VHDL 等硬件描述语言描述的高层次设计，具有行为级综合能力。综合后，Synplify 能够生成 VHDL 和 Verilog HDL 网表，以进行功能级的模拟仿真。

Synplify 属于第三方 EDA 开发工具，在综合优化方面性能优异，因而得到广泛应用。下面对 Synplify 的一些特点和应用技巧进行介绍。

(1) Synplify 的 FSM 编译器。

Synplify 的特色之一是符号化的 FSM 编译器(Symbolic FSM Compile)。在对 HDL 源代码进行综合时，设计者选择该项，Synplify 软件会自动发现设计中的状态机，并把状态机转换为符号化的图表形式，进行特殊的优化，包括状态的重新编码和选择一个最佳的原始状态等。

(2) Synplify 的综合优化过程。

Synplify 的特色之二在于它的综合过程。Synplify 综合分为三步：第一步称为语言综合，把高层的 HDL 语言描述编译为结构单元；第二步是优化，采用优化算法将设计简化，提高系统运行速度；第三步是工艺映射，把设计映射为某一 PLD 器件的网表文件。

(3) Synplify 的项目管理。

Synplify 的项目管理包括设计文件名、约束文件名以及其它一些综合优化设置信息等。设计者可以通过 File 中的 New 菜单选项建立新的项目。当把新的项目存盘时，上述的信息就以 Tcl 格式存为 .prj 文件。Tcl，即工具命令语言，是一种流行的、方便易用的控制软件使用的描述语言。Synplify 的 Tcl 命令用于控制综合优化过程，不同的 Tcl 命令可得到不同的综合优化结果。

(4) Synplify 的约束文件。

Synplify 的约束文件为*.sdc，用于用户特定的时间约束和器件结构映射。约束文件可以加到 Synplify 项目管理窗口的源文件列表中，也可以从 Tcl 描述文件中得到。Synplify 支持特定的时延特性约束，可以把这些约束加到 Synplify 项目管理文件的源文件列表中，也可以直接写到 HDL 源代码中。时延特性约束可以提高设计综合的结果。

9.2.2 ispDesignEXPERT 应用举例

1. 译码器的设计

任务：设计七段数码管译码器并下载到 ispLSI1016E-80LJ44 中，验证其功能是否正确。

要求：输入在 A、B、C 三个按钮开关的控制下，使译码器的输出 a1、b1、c1、d1、e1、f1、g1 驱动七段数码管，以显示相应的数字 0、1、2、3、4、5、6、7。

步骤 1 打开 ispDesignEXPERT，弹出项目管理器窗口，单击 File，选择 New Project，弹出如图 9.40 所示的创建新项目对话框，在可用区(盘)，如 D 区(盘)，新建文件夹并取文件夹名，如 liangbin，并用鼠标双击该文件夹。项目名取为 liang.syn，项目类型选择 Schematic/Verilog HDL，点击"保存(S)"。

图 9.40 创建新项目

步骤 2 自动回到图 9.41 项目管理器(或导航仪)窗口。在图 9.41 的左边器件行的第二行处双击，选中器件 ispLSI1016E-80JL44，并用鼠标双击器件行的第一行，给项目源文件添加标题名，如图 9.41 liang 蓝条所示(若有多个项目源文件，则添加标题名时要加以区分，这里为了简单，标题名用 liang)。

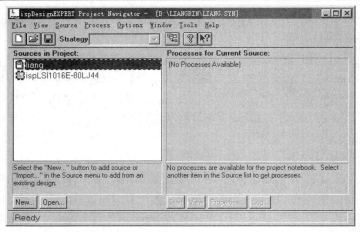

图 9.41　加标题名

步骤 3　点击 Source 下拉菜单选择 New，在弹出的 New Source 对话框中，选择 Verilog Module，按 OK，再在弹出的 New Verilog Module 对话框中填入 liang1，如图 9.42 所示。

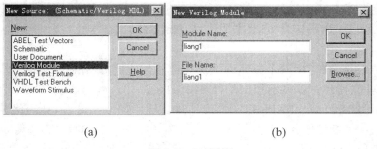

(a)　　　　　　　　　　　　　(b)

图 9.42　对话框

步骤 4　在文本编辑窗 Text Editer 中输入如下 Verilog 语言源程序：
module liang1(a1, b1, c1, d1, e1, f1, g1, A, B, C);

output a1, b1, c1, d1, e1, f1, g1;
input A, B, C;
reg a1, b1, c1, d1, e1, f1, g1;
always @(A or B or C)
begin
case({A, B, C})
3'd0:{a1, b1, c1, d1, e1, f1, g1}=7'b1111110;
3'd1:{a1, b1, c1, d1, e1, f1, g1}=7'b0110000;
3'd2:{a1, b1, c1, d1, e1, f1, g1}=7'b1101101;
3'd3:{a1, b1, c1, d1, e1, f1, g1}=7'b1111001;
3'd4:{a1, b1, c1, d1, e1, f1, g1}=7'b0110011;
3'd5:{a1, b1, c1, d1, e1, f1, g1}=7'b1011011;
3'd6:{a1, b1, c1, d1, e1, f1, g1}=7'b1011111;

3'd7:{a1, b1, c1, d1, e1, f1, g1}=7'b1110000;
default:{a1, b1, c1, d1, e1, f1, g1}=7'bx;

endcase

end

endmodule

步骤 5 在文本编辑窗 Text Editor 的 File 下拉菜单中选择 Save As，将源文件 liang1.v 保存在 D 盘的 liangbin 文件夹下，然后退出。在图 9.41 中，在 Tools 下拉菜单中选择 Synplicity Synplify Synthesis，在弹出的 Synplify 界面中点击菜单栏上的"P"，再点击 Add，出现如图 9.43 所示的窗口。

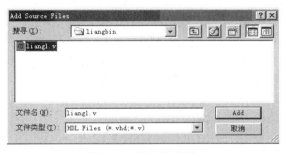

图 9.43 添加源文件

步骤 6 如图 9.44 所示，在弹出的 Synplify 界面下部点击 Change，确认所选器件 ispLSI1016E-80LJ44，并运行。如正确，显示"Done!"，如有错，则重复步骤 4、5、6，进行修改，直到正确为止。在 Synplify 界面的 File 下拉菜单中选择 Save As，以 liang1 作为文件名保存在 D 盘的 liangbin 文件夹下，退出。

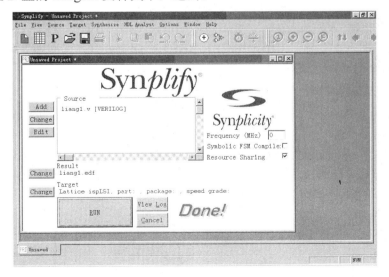

图 9.44 Synplify 界面

步骤 7 返回图 9.41(内容已发生变化)所示界面,在左边的窗口中选中 ispLSI1016E-80LJ44,在右边窗口中选中 Constraint Manager 并双击。在 ispEXPERT Compiler 界面(如果在该界面点击 Tools 下拉菜单中的 Compile,系统将自动设置引脚,这里要求设计者自己设置引脚)中点击 Assign 下拉菜单中的 Pin Locations,设置引脚分配图:先选中 Unassigned 栏的 A,再在右边引脚图上(可按放大镜图标放大)点(双)击要选的引脚,如 7;然后选中 Unassigned 栏的 B……直到引脚分配完成。例如将引脚分配如下:A,7;B,8;C,9;a1,16;b1,21;c1,18;d1,19;e1,20;f1,17;g1,22,如图 9.45 所示。

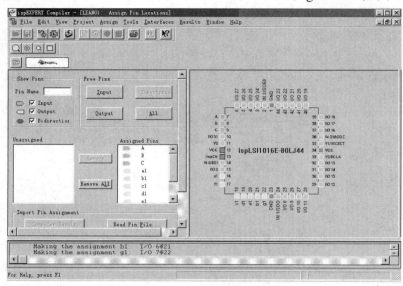

图 9.45 设置引脚分配

在图 9.45 左侧下方(图展开可见),点击 Save Pin Assignments 并以 liang1 作为文件名保存到 D 盘的 liangbin 文件夹下。点击 ispEXPERT Compiler 界面中的 Tools 下拉菜单,选择 Compile,自动运行后退出。再次保存并返回到图 9.41 所示的界面。

在图 9.41(内容已发生变化)中选中 JEDEC File 并双击,JEDEC File 前出现对勾,表明七段数码管译码器 jed 生成。退出并保存后进入 D 盘的 liangbin 文件夹下,可以找到生成的下载文件 liang1.jed,下载时可直接调用它。

2. 4 位加法器的设计

任务:用 ispLSI1016E-80LJ44 实现带进位的 4 位二进制加法器。

要求:考虑加法器低位的进位,并对其进行仿真。

步骤 1 打开 ispDesign EXPERT,单击 File 下拉菜单,选择 New Project,弹出图 9.46 所示的创建新项目对话框,在可用区(盘),如 D 区(盘),新建文件夹并取文件夹名,点击保存(S),如 LIU2009,并用鼠标双击该文件夹。项目名取为 liu.syn,项目类型选择 Schematic/Verilog HDL。

步骤 2 像 9.2.2 小节中的步骤 2 那样选中器件 ispLSI1016E-80LJ44,并双击图 9.47 左侧 Source in Project 栏的第一行,给项目源文件添加标题,如 liu(如有多个项目源文件,则添加标题名时要加以区分,这里为了简单,标题名用 liu)。

第 9 章　EDA 开发软件

图 9.46　生成新项目

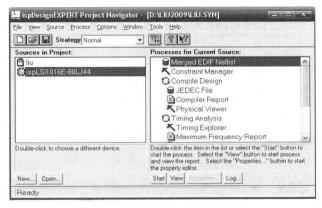

图 9.47　给项目源文件添加标题名

步骤 3　点击 Source 下拉菜单的 New，弹出如图 9.42(a)所示的对话框，选择上面左下角的 Verilog Module，设置名称如图 9.48 所示。

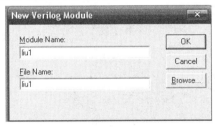

图 9.48　New Verilog Module

步骤 4　在图 9.49 所示的 Text Editor 中输入 Verilog 语言源程序。

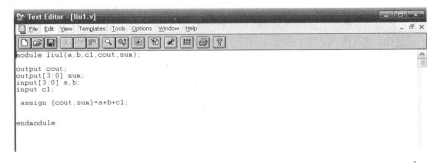

图 9.49　Text Editor

步骤5 在 Text Editor 的 File 下拉菜单中选择 Save As，将源文件 liu1.v 保存在 D 盘的 LIU2009 文件夹中后退出。选择 Tools 下拉菜单中的 Synplicity Synplify Synthesis，点击菜单栏上的"P"，再点击 Add，调用如图 9.50 所示文件。

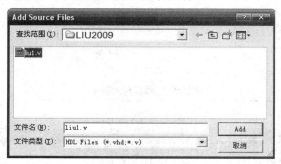

图 9.50 调用文件

步骤6 如图 9.51 所示，在弹出的 Synplify 界面下部点击 Change，确认所选器件 ispLSI1016E-80LJ44。运行通过后，在该界面的 File 下拉菜单中选择 Save As，以 liu1 作为文件名进行保存，如图 9.52 所示，然后退出。

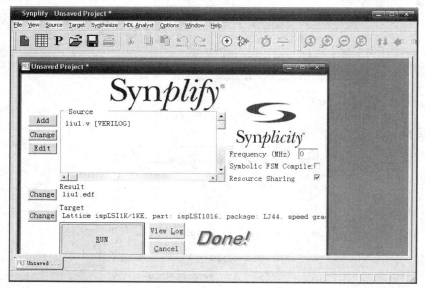

图 9.51 通过运行

图 9.52 保存文件

步骤 7 在图 9.47 所示的界面(内容已发生变化)中,左边窗口选中 ispLSI1016E-80LJ44,右边窗口选中 Constraint Manager 并双击。弹出 ispEXPERT Compiler 界面后,点击 Tools 下拉菜单中的 Compile,系统将自动设置引脚。

步骤 8 建立仿真测试向量。在图 9.47 所示界面中点击 Source 下拉菜单中的 New,弹出图 9.53 所示的界面,选择左边窗口中的 ABEL Test Vectors。点击 OK,在弹出的图 9.54 所示的对话框中输入文件名 liu2。点击 OK,在弹出的文本编辑窗中编写测试向量文件。

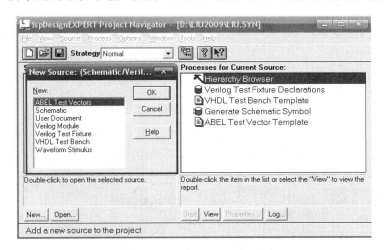

图 9.53 选择 ABEL Test Vectors

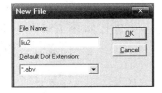

图 9.54 新建文件对话框

```
module liu2;
" Inputs
    a_0_    pin;
    a_1_    pin;
    a_2_    pin;
    a_3_    pin;

    b_0_    pin;
    b_1_    pin;
    b_2_    pin;
    b_3_    pin;
    c1 pin;
" Outputs
    cout pin;
    sum_0_    pin;
    sum_1_    pin;
    sum_2_    pin;
    sum_3_    pin;
```

" Bidirs

x=.x.;

test_vectors

　　([a_0_, a_1_, a_2_, a_3_, b_0_, b_1_, b_2_, b_3_, c1]->

[cout, sum_0_, sum_1_, sum_2_, sum_3_])

[0, 0, 0, 0, 0, 0, 0, 0, 1]->[x, x, x, x, x];

[1, 0, 1, 0, 1, 1, 0, 1, 0]->[x, x, x, x, x];

[0, 1, 0, 0, 0, 0, 1, 0, 1]->[x, x, x, x, x];

[1, 1, 0, 1, 0, 1, 0, 0, 0]->[x, x, x, x, x];

[0, 1, 1, 0, 0, 0, 1, 0, 1]->[x, x, x, x, x];

[1, 1, 0, 0, 1, 0, 0, 1, 0]->[x, x, x, x, x];

[1, 1, 1, 1, 1, 1, 1, 1, 1]->[x, x, x, x, x];

end

步骤9 完成后，点击 File 下拉菜单中的 Save As，以 liu2 作为文件名进行保存，退出后即可进行如图 9.55 所示的编译，通过编译如图 9.56 所示。

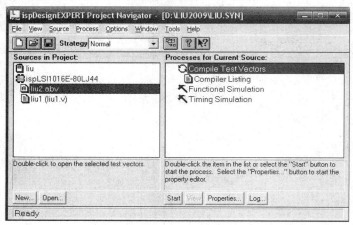

图 9.55　进行编译

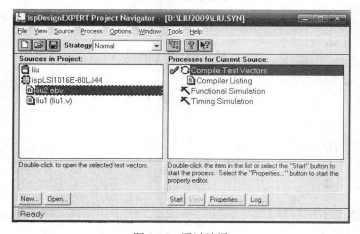

图 9.56　通过编译

步骤 10 进行功能仿真。如图 9.57 所示，选择 Functional Simulation 即可开始功能仿真。在弹出的图 9.58 所示的仿真控制面板界面中，点击 Simulate 下拉菜单中的 Run，如图 9.59 所示，进行一步到位的仿真，仿真波形如图 9.60 所示。

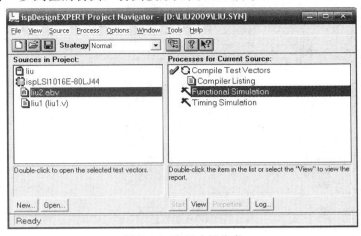

图 9.57 选择功能仿真

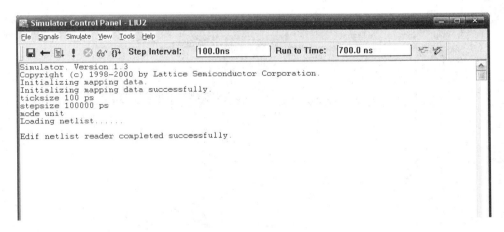

图 9.58 仿真控制面板

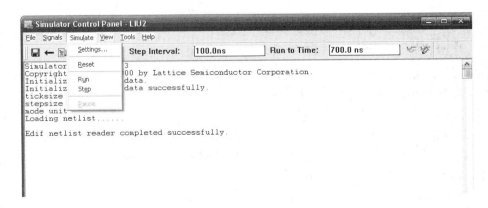

图 9.59 进行仿真

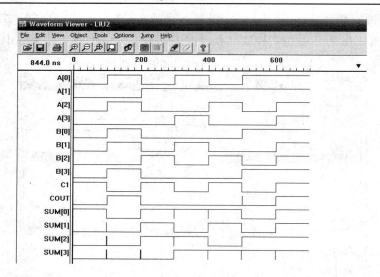

图 9.60　仿真波形

下载文件生成如图 9.61 所示。生成的下载文件将自动保存在 LIU2009 中，以便下载时调用。

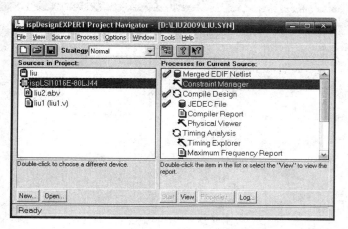

图 9.61　下载文件生成

9.2.3　ispLEVER Classic 应用

ispLEVER Classic 是针对 Lattice 公司的 CPLD 和成熟的可编程产品的经典版设计环境。它可以应用于 Lattice 器件的整个设计过程，从概念设计到器件 JEDEC 或位流编程文件输出。ispLEVER Classic 支持的可编程逻辑系列如下：

CPLD(复杂可编程器件)具体包括：ispMACH 4000/ZE/Z/V/B/C，ispMACH 5000VG，ispMACH 5000B，ispMACH 4A3/5，MACH4/5，ispXPLD 5000MX，ispLSI 8000，ispLSI 5000VE，ispLSI 2000VE，ispLSI 1000。

SPLD(小规模可编程逻辑器件)具体包括 GAL 和 ispGAL。

GDX(可编程通用数字互连器件)具体包括 ispGDXVA 和 ispGDX2。

FPGA(现场可编程门阵列)具体包括 ispXPGA。

当前使用的版本是 ispLEVER Classic 1.5,于 2011 年 10 月 17 日发布。

Windows 7、Windows Vista、Windows XP 或 Windows 2000 操作系统均支持 ispLEVER Classic 下载。

若使用其它 Lattice 公司的 FPGA 系列产品进行设计,则应用 Lattice Diamond 软件。Lattice Diamond 和 ispLEVER Classic 可以同时安装和运行。

ispLEVER 是针对 Lattice 公司可编程逻辑产品的上一代设计软件。

ispLEVER 的主要特性体现在下列几个方面。

1. 项目管理

ispLEVER 包括很多工具,有助于用于管理复杂的项目和任务,整理设计文件和资源。

项目导航器是 ispLEVER 项目管理界面。通过这个界面可以使用整套 ispLEVER 工具。用户的项目文件包括当前的目标器件,在屏幕左侧以分层格式显示。这些项目文件相关的任务都显示在屏幕的右侧。其他可选窗口显示版本控制信息和一个日志文件。用户只需双击要执行的任务,即可由 ispLEVER 完成设计工作。

2. 设计输入

ispLEVER 提供具有强大功能的工具来帮助用户完成 HDL 或原理图设计工作。即使用户的设计文件存放在多个地方,或者由多种源代码生成,抑或使用多种格式,ispLEVER 都可以帮助用户方便地使用所有这些文件。

ispLEVER 包括一个直观的 HDL 文本编辑器,支持 VHDL、Verilog HDL、EDIF 和 Lattice Preference Language。用户也可以设置喜欢的默认编辑器。

ispLEVER 原理图编辑器可以使用 HDL 模块框图或门级原理图的图形化显示方式直观地进行可编程逻辑设计,适用于所有器件系列。

在自下而上的整个原理图设计中,ispLEVER 的门级原理图库适用于以下器件系列:ispMACH 4000Z、ispMACH4000V/B/C、ispXPLD5000MV/B/C、ispMACH 4A5、ispGAL 和 GAL。

ispLEVER 包括几十个 DSP 功能块,专门为 Lattice 公司的可编程技术而优化。这些模块用于 MATLAB/Simulink DSP 设计环境(分别来自 MathWorks)。

3. HDL 综合

Lattice 公司致力于提供业内最佳的 HDL 综合工具,作为 ispLEVER 的标准功能。Lattice 公司与领先的综合工具开发商紧密合作,不断优化设计利用率并提高结果质量,确保用户可以发挥莱迪思可编程产品的最大潜力。

适用于 Lattice 公司综合的 Synplify Pro 是一个高性能、功能强大的逻辑综合引擎,实现了快速、高效的 FPGA 设计;简单的用户接口和强大的综合引擎相结合,以更短时间提供更好的结果。ispLEVER 和 ispLEVER Classic 均包括适用于 Lattice 公司器件的 Synplify Pro。

4. 高级实现工具

ispLEVER 软件包括全套工具,对用户的设计实现尽可能多的控制。所有这些工具都是可选的。如果用户有特殊要求或需要对设计实现具体控制,则可通过 ispLEVER 中的高级工具来实现。

　　ispLEVER 设计规划可以帮助用户管理设计实施的各个方面。在设计规划中，用户可以打开工具，对设计实施的各个方面进行详细控制。

　　ispLEVER 设计规划包括布局界面(数据表视图)、定义时序约束(频率/周期，I/O 时序)、分配 I/O 类型、设置全局属性、定义 PLL 参数等。所有设计都存储在一个数据库文件中，可以在设计过程中的任何时候进行访问和更改。

　　此外，还可以通过 ispLEVER 设计规划来访问封装视图，以帮助用户执行更多的任务，如拖放 I/O 分配、确定特定的 I/O，以及具体地看到器件上的引脚是如何定义的。引脚分配信息可以导出到 .csv 报告中以用于其他应用。

　　ispLEVER 设计规划还包括前(或后)PAR 布局规划工具，通过一个控制窗口可以打开一系列不同功能的工具，用于给组和/或区域分配设计元素，使用可视化界面分配和操作器件资源，以及运行详细的时序分析报告。

5．仿真和分析

　　ispLEVER 中的大量工具可帮助用户在设计过程的各个阶段对设计进行模拟、分析和优化。

　　Active-HDL Lattice 版除了包含在 ispLEVER(Windows 版)中外，还包括在 ispLEVER Classic 和 PAC-Designer 中。这个快速、全面和功能丰富的仿真环境具有大量功能强大的工具和特性。

　　同步开关输出(SSO)噪声是由大量输出驱动器在同一时间开关所造成的。针对此 Lattice 公司推出了一种新的工具——SSO 分析仪，使 FPGA 设计人员能分析和优化 I/O 引脚布局和输出的开关特性，尽量减少印刷电路板上的噪声和接地反弹；分析结果可在 HTML 报告中显示，并注释到设计规划工具的图形封装视图中。

　　ispLEVER 功耗计算器包括环境因素的功耗模型、图形化的功耗显示和多种有用的报告。热敏电阻选项模拟了现实世界的热环境，包括散热、气流以及印刷电路板的复杂性。图形化的功耗曲线反映了工作温度。

　　性能分析是一个静态时序分析工具，用于生成图形化的基于数据表的报告，其中包含最坏情况下的信号延迟。它可以让用户筛选这些数据来验证关键路径的速度并识别性能瓶颈。

6．在系统逻辑分析

　　ispLEVER 中的 Reveal 使用户可以对系统板上实际器件的内部操作进行实时逻辑分析。

　　Reveal 是包含在 ispLEVER 中的下一代在系统逻辑分析工具。Reveal 使用以信号为中心的模式实现嵌入式逻辑调试；用户首先使用 Reveal Inserter 定义需要的信号，添加设备和所需的连接进行观察，然后使用 Reveal Logic Analyzer 进行在系统分析。通过 Reveal 可设定复杂的多事件触发序列功能，使得系统级设计的调试更快、更方便。

9.2.4　ispLEVER Classic 应用实例

　　要求：输入在 A、B、C 的控制下，使译码器的输出 a1、b1、c1、d1、e1、f1、g1 驱动七段数码管显示相应的数字。

步骤1 用鼠标点击 ispLEVER Classic 图标，进入 ispLEVER Project Navigator 项目管理器窗口，点击 File 下拉菜单，选择 New Project，弹出 Project Wizard。输入项目名(Project Name)，如 XD；输入存储区域(Location)，如 D:\user\；设计输入类型(Design Entry Type)选 Verilog HDL，按下一步(N)，在器件名上用鼠标左键双击，弹出器件选择窗口，选 ispLSI1016EA-100LJ44，按"完成"。在弹出的器件选择窗口右下角的显示已往器件 Show Obsolete Devices 前小方框点击划勾，也可选择以往的若干器件。ispLEVER Project Navigator 项目管理器窗口左边部分出现所选器件和 Verilog Variables，点击顶部菜单栏 Source 下拉菜单，如图 9.62 所示。

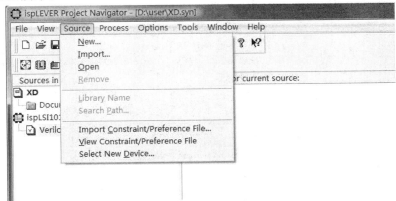

图 9.62 项目管理器窗口

步骤2 在弹出的 New Source 对话框中，选择 Verilog Module，按 OK。

弹出 New Verilog Module 对话框后，填入 Module Name 和 File Name，例如都填入 ymq，按 OK。然后弹出 Text Edit 编辑框，在编辑框内填入名为 ymq 的译码器 Verilog 源文件，存盘后退出，如图 9.63 所示。

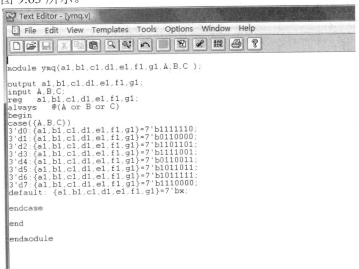

图 9.63 译码器源文件 ymq

步骤3 进入图9.64所示界面，对 ymq 源文件进行综合。

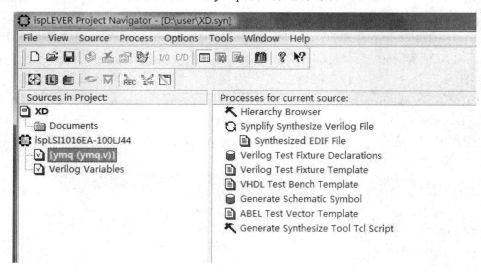

图9.64 综合 ymq 源文件

选中右边窗口中的部分层次浏览器 Hierarchy Browser，点击鼠标右键后再点击 Start，即可看到 ymq 源文件。选中综合 Synplify Synthesize Verilog File 后，点击鼠标右键再点击 Start，开始进行综合，并生成 EDIF 文件，如图9.65所示。

也可以点击顶部菜单栏的 Tools 下拉菜单，选择 Synplify Pro Synthesis，可一步步进行综合。

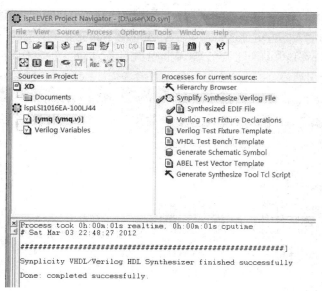

图9.65 生成 EDIF 文件

步骤4 准备仿真源文件(测试模块)。点击顶部菜单栏上的 Source 下拉菜单，选择 New，弹出如图9.66所示对话框，测试装置选 Verilog Test Fixture，按 OK 后弹出如图9.67所示的对话框，再按 OK。

第 9 章 EDA 开发软件

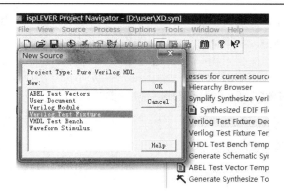

图 9.66 选择 Verilog 测试装置窗口

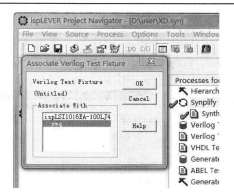

图 9.67 确认相关信息

弹出如图 9.68 所示的对话框后，填入测试模块文件名 ymq1，按 OK，再在 Text Editor 编辑窗内编写测试模块，如图 9.69 所示。

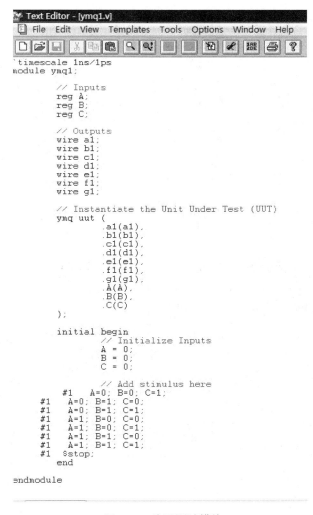

图 9.68 命名测试模块

图 9.69 编写测试模块

另外，还可在如图9.64所示的界面中，选中右边窗口中的部分测试装置模板 Verilog Test Fixture Template，点击鼠标右键后再点击 Start，界面下方将自动生成测试模块 ymq.tfi，如图9.70所示。自动生成的测试模块是一个基本框架，可以对它进行修改、完善，并粘贴到图9.69所示的文本编辑窗中。

图9.70　生成测试模块

步骤5　进行仿真。在 ispLEVER Project Navigator 的左边窗口中选择测试模块 ymq1.v，如图9.71所示，选中右边窗口的功能仿真 Aldec Verilog Functional Simulation，点击鼠标右键后再点击 Start，即可开始运行。

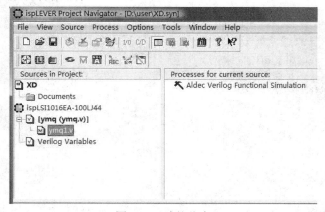

图9.71　功能仿真

在弹出的如图 9.72 所示窗口中可查看仿真结果。注意 ymq1.v 的 `timescale 1ns/1ps //定义时间单位要设置合适,以便于观察。另外要灵活应用工具栏中的 ⊕ 等工具。

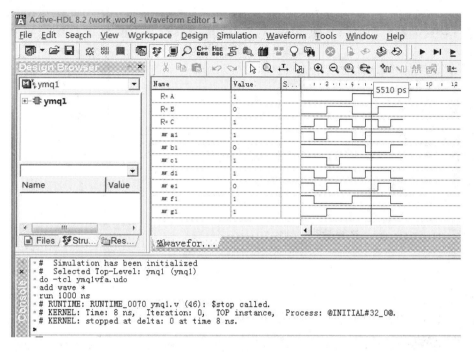

图 9.72　查看仿真结果

步骤 6　按用户的要求自行进行引脚分配。在图 9.73 所示的界面中,选择约束条件编辑 Constraint Editor,点击鼠标右键后再点击 Start,在弹出的界面中,点击 Device 下拉菜单并选择 Package View,得到如图 9.74 所示的窗口,进行引脚分配。

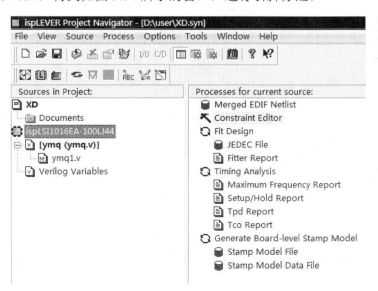

图 9.73　项目管理器窗口选择器件与约束条件编辑

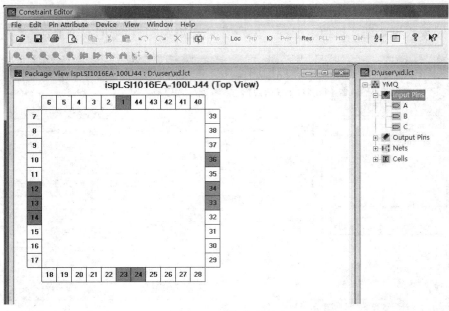

图 9.74 引脚分配(一)

用鼠标左击并按住界面右部的某个输入或输出信号名,拖曳(拉着走)到左部将要分配的引脚上,即可完成引脚分配,如图 9.75 所示。

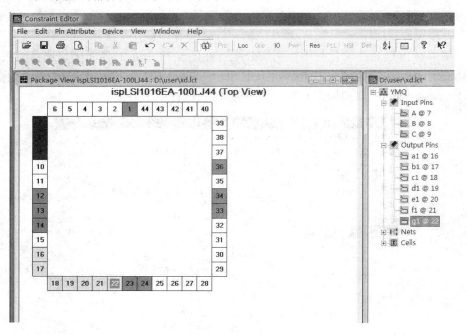

图 9.75 引脚分配(二)

如果某个引脚分配错误,则将鼠标移到该引脚上且点击右键,选 Unlock 予以取消。将分配好的引脚存盘,退出。

步骤 7 生成下载文件 xxx.jed。在 ispLEVER Project Navigator 的左边窗口中选择适配

设计 Fit Design，点击鼠标右键后再点击 Start，即可生成下载文件 xxx.jed，如图 9.76 所示。在 D:\user\可找到生成的 XD.jed 文件。

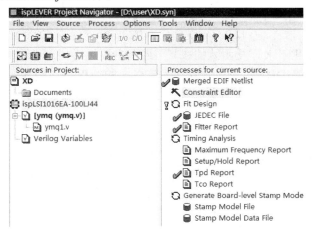

图 9.76　生成下载文件

9.2.5　Lattice Diamond 简介

Lattice Diamond 是适用于最新的 Lattice 公司的 FPGA 产品的新一代旗舰版设计环境。Lattice Diamond 软件可以从 Lattice 公司的网站上下载 Windows 版和 Linux 版。可通过许可证网页申请 Lattice Diamond 免费许可证进行使用。

Lattice Diamond 包括来自 Synopsys 公司的适用于 Lattice 公司的 Synplify Pro，可用于所有 FPGA 系列，以及 Lattice 综合引擎(LSE)，也可用于 MachXO2 和 MachXO 器件系列。Lattice Diamond Windows 版还包括来自 Aldec 公司的 Active-HDL Lattice 版，适用于混合语言仿真支持。

Lattice Diamond 设计软件提供了最先进的设计和实现工具，专门针对成本敏感、低功耗的 Lattice FPGA 架构进行了优化。Diamond 是 ispLEVER 软件的下一代替代产品，具有设计探索、易于使用、改进的设计流程，以及许多其他的增强功能。新增的和增强的功能使得用户能够更快、更方便地完成设计，并获得比以往更好的结果。

项目、实现、策略的一体化流程，是 Lattice Diamond 的特色。

Lattice Diamond 中的设计项目通过允许创建更多的项目，提供了以数量级增加的功能，实现了更便捷的设计探索功能。Lattice Diamond 中项目的改进主要包括以下内容：

(1) 可使用混合的 Verilog、VHDL、EDIF 以及原理图源文件。
(2) 使用了实现的概念，允许一个项目下的设计拥有多个版本。
(3) 设计策略可以使实现"方法"在项目中灵活运用或在多个项目中共享。
(4) 管理并选择文件，用于约束、时序分析、功耗计算和硬件调试。
(5) 使用运行管理器视图，允许并行处理多个实现，以探索不同的设计方法及寻求最佳的结果。

Lattice Diamond 有如下优势：
(1) 可使用 HDL 代码检查分析设计。

在综合前,使用集成的 HDL 代码检查功能分析设计,有利于节省时间。

(2) 具有用于设计探索的综合选项。

Lattice Diamond 包括了 Synopsys Synplify Pro,适用于所有 FPGA 系列。此外,对于 MachX02 和 MachX0 器件系列,还可以使用新的 Lattice 综合引擎(LSE)来探索如何获得最优的结果。LSE 是这几年来开发团队的成果,最初主要用于内部 Lattice FPGA 架构的开发。LSE 支持 Verilog 和 VHDL 语言,并使用 SDC 格式的约束。当选择了一个支持的器件系列后,它会作为可供选择的综合工具之一集成到 Lattice Diamond 设计软件中。

(3) 所有功能都十分易于使用,具有新一代工具的用户界面。

Lattice Diamond 用户界面在提供了先进功能的同时,还提供定制化的特性,更加便于使用。现在 Lattice Diamond 中的所有工具都以"视图"方式打开,集成到 Lattice Diamond 用户界面中,并可以各自分开在独立窗口中显示。一旦熟悉了一个工具的使用,其他工具的使用方法也类似。新的功能如 Start Page 和 Reports 视图更便于查看信息。

(4) 加速了常用的功能访问。

ECO 编辑器提供了快速访问常用的网表编辑的功能,如 sysIO 设置、PLL 参数和存储器初始化。通过 Diamond 用户界面和 Reveal 分析器下载大量的追踪数据和配置复杂的触发器设置使得速度提升为过去的 10 倍,从而使得编程人员可以快速对 FPGA 进行重新编程。使用这些工具的目标就是要能够更快地完成工作。

(5) 设计流程更加高效,时序分析更加方便快捷。

新的时序分析视图提供了一个易于使用的图形化环境,用以查看时序信息。时序分析视图的一个新的重大优点是可以在时序约束改变后,迅速地更新时序分析,包括时钟抖动分析。此外,用户不必再重新实现设计、重新运行 TRACE 报告。

(6) 可以方便地将设计导出到仿真器。

Lattice Diamond 通过仿真向导可以方便地将设计导出到仿真器。

(7) 用 TCL 写脚本。

Lattice Diamond 软件为编写设计流程脚本增加了功能。专门用于 Lattice Diamond 的 TCL 指令字典可用于项目、网表、HDL 代码检查、功耗计算以及硬件调试插入和分析。

(8) 具有完备的设计环境。

Lattice Diamond 软件是一款功能强大且完备的设计环境,为 Lattice 器件设计提供了从设计输入到编程的所有支持。它使用经验证的实现引擎技术,该技术已成功开发了 6 代软件工具。

Lattice Diamond 包括了涵盖 FPGA 设计各个方面的一整套工具:

① 设计输入。
② 综合。
③ 实现。
④ 分析。
⑤ 片上调试硬件分析。
⑥ 仿真。
⑦ 编程。

(9) 具有强大的第三方工具支持。

① 用于 Lattice 综合的 Synopsys Synplify Pro。Lattice Diamond 包括业界领先的综合解

决方案，适用于 Lattice 的 Synopsys Synplify Pro；具有用途广泛的工具和功能，可以帮助用户管理大型的设计；选择最适合的功能和性能，为 Lattice 的 FPGA 提供专门的优化。适用于 Lattice 的 Synplify Pro 还包括 HDL 分析器，它可以自动产生用户设计的 RTL 原理图，用以分析和通过 RTL 源代码进行互查看。其他先进功能包括：支持混合的 VHDL 和 Verilog 综合等。

② Aldec Active-HDL 仿真。Lattice Diamond 包括来自 Aldec 的快速、全面和功能丰富的仿真环境 Active-HDL Lattice 版Ⅱ。Active-HDL Lattice 版Ⅱ具有 VHDL 和 Verilog 的混合语言仿真，以及许多先进的验证和调试功能，如：编程语言助理、代码执行跟踪、高级的断点管理和存储器查看。Aldec Active-HDL Lattice 版Ⅱ仅可用于 Windows 平台。

9.3 Altera 公司的 EDA 开发软件

9.3.1 QuartusⅡ简介

同 Xilinx(赛灵思)公司、Lattice(莱迪思)公司等复杂可编程逻辑器件和现场可编程门阵列器件厂商一样，Altera 公司在不断推出先进的可编程器件的同时，也在不断改进和升级与之配套的 EDA 开发软件。其中 QuartusⅡ和 MAX+PLUSⅡ最为常用，它们为 Altera 全系列可编程逻辑器件的开发提供了人机友好的可视化设计环境，并且具有业界标准的下载接口，可以方便地在 Windows 等多种操作系统平台上运行。

QuartusⅡ提供了适合可编程片上系统(SOPC) 的最全面的设计环境。提供了基于模块的设计方法 Logiclock，显著地提高了设计效率；IP 核使系统集成更加迅速；在设计周期的早期即可分配和确认 I/O 引脚，让用户可以在工程设计中更早地开始印制电路板(PCB)的布线设计；存储器编译功能简化了对嵌入式存储器的管理，而且新增加了针对 FIFO 和 RAM 读操作的基于现有设置的波形动态生成功能。

9.3.2 QuartusⅡ 9.0 基本操作应用

1. 基本操作

打开 QuartusⅡ，点击 File 下拉菜单，选择新项目向导 New Project Wizard，点击，弹出 New Project Wizard：Introduction(介绍)对话框。

按 Next，弹出 New Project Wizard：Directory, Name, Top_Level Entity(目录、名字、顶层实体)对话框。

选择设计将要存的盘，并新建一个文件夹，起设计名(英文或拼音)，如 Liu1，按 Next，弹出 New Project Wizard：Add File(添加文件)对话框。

如不需添加文件，按 Next，弹出 New Project Wizard：Family & Devices(系列与器件)对话框。在 Devices 中选 All。

选择下载时所连接的开发板上的 Altera 公司的器件，例如选择某开发板上的器件为 EPM240T100C5。

按 Next，弹出 New Project Wizard：EDA Tool 对话框。按 Next，弹出 New Project Wizard：

Summary(概要)对话框，最后按 Finish。

2. 编写源文件(建模)

再次点击 File 下拉菜单，选择 New，在弹出的对话框中，选择 Verilog HDL File，按 OK，开始编写源文件(建模)。

例如：用 Verilog HDL 编写设计七段数码管译码器源文件，并下载到开发板上的器件 EPM240T100C5 中，验证其功能是否正确。输入在 A、B、C 三个按钮开关的控制下，到译码器使输出 a1、b1、c1、d1、e1、f1、g1 驱动七段数码管为相应的数字。

开发板上第 1 个数码管在 A，B，C 按键控制下静态显示 0～7。

源文件清单如下：

```
module liu1(a1,b1,c1,d1,e1,f1,g1,A,B,C,dis2,dis3,dis4);  //通过按键 A,B,C 控制数码管显示
output a1,b1,c1,d1,e1,f1,g1,dis2,dis3,dis4;              //说明输出
input A,B,C;                                             //说明输入
reg    a1,b1,c1,d1,e1,f1,g1;    /* a1,b1,c1,d1,e1,f1,g1 要在行为描述方式中赋值，必须说明成
                                   寄存器类型 reg */
assign dis2=1;
assign dis3=1;
assign dis4=1;                  //禁止第 2、3、4 数码管，选中第 1 个数码管 dis1
always    @(A or B or C)        //行为描述，事件 A or B or C 发生变化，执行块语句 begin…end
begin
case({A,B,C})                   //通过 case 语句，列出事件发生的各种情况
3'd0:{a1,b1,c1,d1,e1,f1,g1}=7'b1111110;
3'd1:{a1,b1,c1,d1,e1,f1,g1}=7'b0110000;
3'd2:{a1,b1,c1,d1,e1,f1,g1}=7'b1101101;
3'd3:{a1,b1,c1,d1,e1,f1,g1}=7'b1111001;
3'd4:{a1,b1,c1,d1,e1,f1,g1}=7'b0110011;
3'd5:{a1,b1,c1,d1,e1,f1,g1}=7'b1011011;
3'd6:{a1,b1,c1,d1,e1,f1,g1}=7'b1011111;
3'd7:{a1,b1,c1,d1,e1,f1,g1}=7'b1110000;
default: {a1,b1,c1,d1,e1,f1,g1}=7'bx;
endcase
end
endmodule
```

3. 分配引脚

源文件写好后存盘，通过点击 Assignments 下拉菜单，选择 Pins，按自己的要求(结合开发板原理图)分配引脚，点击引脚图上的引脚，在弹出的对话框中填入自己要求的源文件引脚名。

七段数码管：a1 对应器件 91，在弹出的器件 Bottom View 图中双击 91，在出现的对话框的"Node name："中填入 a1，按 OK，其余操作类似。b1 对应器件 92，c1 对应器件 95，d1 对应器件 96，e1 对应器件 97，f1 对应器件 98，g1 对应器件 99。电平为 1，该段亮。

4个数码管选择：SEG1(dis1)对应器件 1 脚，SEG2(dis2)对应器件 2 脚，SEG3(dis3)对应器件 3 脚，SEG4(dis4)对应器件 4 脚。assign dis2=1; assign dis3=1; assign dis4=1; 表示禁止第 2、3、4 个数码管。

A=K1 对应器件 62 脚，B=K2 对应器件 53 脚，C=K3 对应器件 52 脚。

按 OK 按钮，关闭。

4. 综合编译源文件

点击图形菜单 ▶，开始进行源文件编译(Start Compilation)，编译通过后，就可下载到开发板，观测显示功能。

连接好下载开发板后，点击图形菜单 开始进行下载。

5. 进行仿真获得波形

(1) 打开 QuartusⅡ软件。

(2) 选择 File→New Project Wizard，新建一项工程。

(3) 单击 Next 进入。

任何一项设计都是一项工程(project)，必须首先为此工程建立一个放置与此工程相关的所有文件的文件夹(文件类名要使用英文或拼音)，例如存在 E 盘的 design 下。之后会出现三项要填的，分别填入 E/design、liu、liu。按 Next 进入下一步，first name 不填。按 Next 进入对话框，在该对话框中指定目标器件(如某开发板 QuickEDA 核心板上用的 EPM240T100C5N)。按 Next 一直到完成(Finish)。

(4) 选择 File→New→Verilog HDL File，将自己所编程序复制进去。

(5) 选择 File→Save as(新建个文件夹)。文件名一定要更改为 liu。

(6) 在 QuartusⅡ主界面下选择 Processing→Start Compilation 进行全程编译，会显示"successful"。

(7) 在 QuartusⅡ主界面下选择 File→New，打开新建文件对话框，在该对话框中选择 Vector Waveform File。

(8) 在 Name 栏下双击鼠标左键，弹出 Insert Node or Bus 对话框，在该对话框输入要仿真的文件名。

(9) 按 Node Finder，在弹出的 Node Finder 对话框的 Filter 栏中选择 Pins:all，并按 List，弹出源文件中输入输出名对话框。

(10) 按>>按钮 2 次，按 OK，弹出 Insert Node or Bus 对话框，按 OK。

(11) 在 QuartusⅡ主界面下选择 Edit→End time…，打开图示对话框，将仿真结束时间设置为 20 μs。按 OK。在主界面 Assignments->Settings->Simulator setings 对话框 Simulation mode 中选择功能仿真 Functional，按 OK。

(12) 编辑输入节点波形。如果带有 clk，进行①、②；然后操作(13)、(14)。如果无 clk，依次选中输入项，将鼠标移到中间工具区，在输入图符上点击 0 或 1，使相关输入为 0 或 1。在主界面 Processing 中选择 Generate Functional Simulation Netlist，生成功能仿真网表文件，选择开始仿真 Start simulation 或下面带波形的三角按钮。等待仿真结束，观察结果。(也可以通过将鼠标移到列出的输入上，在工具栏中点击 (Overwrite Clock)按钮，打开图示对话框，改变不同 CLK 周期的方法给出变换的 0，1。)

① 将鼠标移到列出的输入 clk 上，点击选中 clk，在工具栏中按 ✕⊘ (Overwrite Clock) 按钮，打开图示对话框，将 CLK 周期(period)设置为 50 ns。

② 如果要清除输入 clr，将 clr 设置为 "0"(在波形图左边竖着的有个 0 矩形波)。(可以点击放大/缩小按钮，缩小时按右键。)

(13) 保存仿真波形文件。选择 File→Save，按默认的位置保存就行。如输入节点波形改变，要注意删除原仿真波形文件。

(14) 功能仿真。

① 在 Quartus Ⅱ 主界面下选择 Processing→Simulate Tool。

② 在 Simulation mode 下选择 Functional，按 Generate Functional Simulation Netlist 按钮，将对话框展开，按 Start 开始仿真。

仿真后按 Report，打开仿真结果窗口(波形就出来了)，在该窗口中可以观察设计结果。注意，功能仿真没有考虑器件的延迟时间。

9.4 EDA 开发软件和 Modelsim 的区别

Xilinx 公司的 EDA 开发软件 Xilinx ISE Design Suite 13.x 设计套件是赛灵思(Xilinx) 公司最新推出的开发工具，主要用于综合编译程序、仿真程序，将程序下载到板子上。

Lattice 公司的 EDA 开发软件 ispDesignEXPERT、isp LEVER Classic 等主要用于综合编译程序、仿真程序，将程序下载到板子上。

Altera 公司的 EDA 开发软件 Quartus Ⅱ 主要用于综合编译程序、仿真程序，将程序下载到板子上。

Modelsim 是 Mentor 公司的第三方工具，主要针对各个不同厂商器件进行综合编译程序、仿真程序。如果 Quartus Ⅱ 版本不带仿真功能，就要结合 Modelsim 来完成仿真。

Mentor 公司的 Modelsim 是业界优秀的 HDL 语言仿真软件，提供了友好的仿真环境，是业界单内核支持 Verilog 和 VHDL 混合仿真的仿真器。它采用直接优化的综合编译技术、Tcl/Tk 技术和单一内核仿真技术，综合编译仿真速度快，编译的代码与平台无关，便于保护 IP 核，具有个性化的图形界面和用户接口，为用户加快调试纠错提供了强有力的手段，是 FPGA/CPLD/ASIC 设计的首选仿真软件。

思考与习题

1. 用 Xilinx ISE13 设计套件仿真第 8 章思考与习题 1、2 的设计。
2. 在 Xilinx ISE13 设计套件中，怎样实现按设计者的要求分配引脚？
3. 在 Lattice 的 ispDesignEXPERT 开发软件中，怎样实现按设计者的要求分配引脚？
4. 在 Lattice 的 ispLEVER Classic 开发软件中，怎样实现按设计者的要求分配引脚？
5. 用 Lattice 的 ispDesignEXPERT 开发软件仿真第 8 章思考与习题 1、2 的设计。
6. 用 Lattice 的 ispLEVER Classic 开发软件仿真第 8 章思考与习题 1、2 的设计。

附录 1　Verilog 关键字

always	event	noshowcancelled	specify
and	for	not	specparam
assign	force	notif0	strong0
automatic	forever	notif1	strong1
begin	fork	or	supply0
buf	function	output	supply1
bufif0	generate	parameter	table
bufif1	genvar	pmos	task
case	highz0	posedge	time
casex	highz1	primitive	tran
casez	if	pull0	tranif0
cell	if none	pull1	tranif1
cmos	incdir	pulldown	tri
config	include	pullup	tri0
deassign	initial	pulsestyle_onevent	tri1
default	inout	pulsestyle_ondetect	triand
defparam	input	rcmos	trior
design	instance	real	trireg
disable	integer	realtime	unsigned
edge	join	reg	use
else	large	release	uwire
end	liblist	repeat	vectored
endcase	library	rnmos	wait
endconfig	localparam	rpmos	wand
endfunction	macromodule	rtran	weak0
endgenerate	medium	rtranif0	weak1
endmodule	module	rtranif1	while
endprimitive	nand	scalared	wire
endspecify	negedge	showcancelled	wor
endtable	nmos	signed	xnor
endtask	nor	small	xor

附录2 Nexys3 Digilent 技术支持

一、建立自己的开发环境

1．下载 Xilinx FPGA 设计套件

(1) 进入 china.xilinx.com 主页，选择页面右上方"技术支持"，点击后下载。

(2) 选择 ISE_DS 的版本和平台后点击链接并进行下载，推荐使用 ISE_DS13.2 工具。

2．下载 Digilent Plugin 插件

为了使 Xlinix FPGA 设计套件中的 iMPACT、XMD、ChipScope 工具更好地支持 Digilent FPGA 开发板，需要给套件安装 Digilent Plugin。

进入 www.digilentinc.com 主页，选择左侧 products 栏中 Software 下的 Digilent Plugin。在右边选择 Digilent Plug-in，32/64-bit Windows 对应的"Download!"进行下载，然后根据压缩包的指导手册安装插件。

二、获得官方的技术资料

1．获得 Xilinx 官方入门教程和实验资料

(1) 进入 china.xilinx.com 主页，选择"创新"，点击"大学计划"，进入 Xilinx 大学计划，在右侧栏中选择"教学资料"。

(2) 选择"PFGA 设计流程"、"嵌入式系统设计流程"或"DSP 设计流程"，在页面右侧栏中"13.X 教学材料"下选择"Nexys3 Board"，即可获得相应资料。

注意：需要用户注册账号。

2．获得 Digilent Nexys3 产品资料

(1) 进入 www.digilentchina.net 主页，选择"产品"，进入 Digilent 产品列表。

(2) 点击"Nexys3 FPGA 开发板"链接，再点击"相关文档"即可获得产品资料。

注意：用户需要注册账号。

三、在线技术支持

Digilent 技术支持邮箱：Support@digilentchina.com

Digilent 社区问答版块：http://www.digilentchina.net/wall

Xilinx 官方学生社区：www.openhw.org/bbs

Xilinx 官方英文论坛：http://forums.xilinx.com

附录 3　Nexys3 开发板

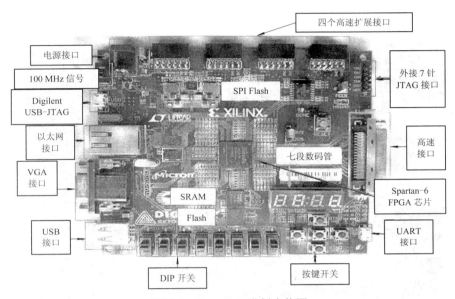

附图 1　Nexys3 开发板实物图

附录4　EPM240T100C5 开发板

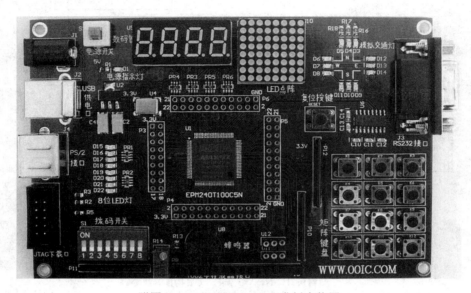

附图2　EPM240T100C5 开发板实物图

参 考 文 献

[1] www.latticesemi.com
[2] www.latticesemi.com.cn
[3] www.Xilinx.com
[4] http://china.xilinx.com/
[5] www.digilentinc.com
[6] Donald E.Thomas, Philip R. Moorby. The Verilog Hardware Description Language(Fourth Edition). Kluwer Academic Publishers, 1998
[7] Nexys3 开发板资料. 美国 Digilentinc 公司(上海)代表处
[8] Xilinx 公司介绍资料. 美国 Xilinx 公司(北京)办事处
[9] 刘笃仁. 用 ISP 器件设计现代电路与系统. 西安：西安电子科技大学出版社，2003
[10] IEEE_Verilog_2001
[11] IEEE Standard for Verilog 2005
[12] 夏宇闻. Verilog 数字系统设计教程(第三版). 北京：北京航空航天大学出版社，2016
[13] www.altera.com.cn